探秘远古人类

# 探秘远古人类

吴新智 著

外语教学与研究出版社
北京

**图书在版编目（CIP）数据**

探秘远古人类 / 吴新智著. —— 北京：外语教学与研究出版社，2022.7
ISBN 978-7-5213-3735-8

I. ①探… II. ①吴… III. ①古人类学－普及读物 IV. ①Q981-49

中国版本图书馆 CIP 数据核字 (2022) 第 112734 号

出 版 人　王　芳
项目负责　刘晓楠　丛　岚
项目策划　何　铭
责任编辑　何　铭
责任校对　夏洁媛
封面设计　水长流文化
版式设计　彩奇风
出版发行　外语教学与研究出版社
社　　址　北京市西三环北路 19 号（100089）
网　　址　http://www.fltrp.com
印　　刷　涿州市星河印刷有限公司
开　　本　710×1000　1/16
印　　张　11.5
版　　次　2023 年 2 月第 1 版 2023 年 2 月第 1 次印刷
书　　号　ISBN 978-7-5213-3735-8
定　　价　69.00 元

购书咨询：（010）88819926　电子邮箱：club@fltrp.com
外研书店：https://waiyants.tmall.com
凡印刷、装订质量问题，请联系我社印制部
联系电话：（010）61207896　电子邮箱：zhijian@fltrp.com
凡侵权、盗版书籍线索，请联系我社法律事务部
举报电话：（010）88817519　电子邮箱：banquan@fltrp.com
物料号：337350001

# 目　录

引言

## 1. 进化论与神创论之争

005　关于人类起源的古老传说

008　达尔文和"比格尔号"环球航行

010　神创论的颠覆者——《物种起源》

012　牛津的辩论

014　人猿同祖论

016　达尔文的又一部力作《人类起源和性的选择》

## 2. 漫长的发现之旅

019　最早露面的直接证据——尼安德特人化石

022　19 世纪出土的最早人类——爪哇猿人

026　皮尔当骗局

030　周口店的新发现——中国猿人

041　非洲奥杜威的新发现

046　珍妮·古道尔的惊人发现

049　300 多万年前的老祖母——露西

051　发现最早期的人

## 3. 人类进化的历程

054　最早期人类

057　南方古猿

064　人属早期成员

066　人属中期成员

089　人属晚期成员

## 4. 人类进化的发展趋势

107 人类会越来越高吗?

110 人脑会越来越大吗?

113 头骨有哪些显著变化?

114 四肢有哪些显著变化?

115 人类可能会退化的部位

116 现代人种的形成与消亡

119 人类进化会停止吗?

## 5. 寻觅人类的直接祖先

122 曾经的候选者之一

124 曾经的候选者之二

127 关于古猿变人的几个疑点

## 6. 我国的猿人是我们的祖先吗?

134 夏娃假说和非洲多地区假说

136 多地区进化假说

143 解读基因研究结果需要谨慎

145 共识的开端

## 7. 学业、职业、感悟与展望

148 一波三折的学业

151 "先结婚后恋爱"

157 回顾与感悟

159 寄语未来

## 附录 1: 吴新智院士生平

## 附录 2: 缅怀我们的父亲——吴新智

## 附录 3: 说说野人

# 引　言

粗一看来，人与各种动物和植物太不同了，似乎没有任何亲缘关系。人习惯于把自己尊为万物之灵，不屑与动物为伍，然而，19世纪伟大的生物学家达尔文以雄辩的证据告知世人，人只不过是从动物进化而来。后来，科学家们经过几个世纪的艰苦钻研，阐明了所有生物或多或少都有亲缘关系，而且据之改进了其分类的格局。类似于我国的行政区域划分为几个级别（如省、地级市、县、乡和村），在生物学分类中也有几个等级，即界、门、纲、目、科、属、种。每一等级下面还可再分，如亚门、亚种等。树木、花草属于植物界；人能活动，属于动物界。动物中最高等的属于脊椎动物亚门。顾名思义，它们最重要的特征是在躯干的背部有一根由多节脊椎骨组成的脊柱（俗称脊梁骨）。如果你有机会，请摸一摸猫、狗、牛、马、猪、羊的脊背，可以感觉它们和人一样正中都有一条脊梁骨。

人（左）和猿（右）的骨骼

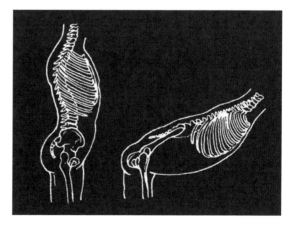

其实它并不真是一根骨头，而是由一块块脊椎骨连接起来组成的。你若到肉店去找到破成两半的整猪、整牛或整羊，便能看见在它们躯干背部的肌肉之间，露出一根由一个个断面大致呈小方块形的骨头组成的

猫的骨架

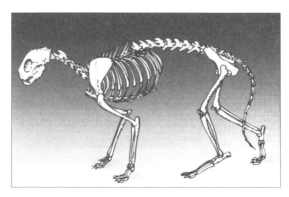

脊柱。狮子、老虎、豺、狼、鼠、兔等也有脊柱，所以都属于脊椎动物亚门。这些动物和人的身体都是左右对称，有四肢，身体表面有毛，都是胎生，躯干腹面有奶头，幼年动物靠母亲的乳汁喂养，因此被生物分类学家归属于"哺乳纲"。鱼、蛙、龟、鸟都有脊柱，但不喂奶，没有毛（鸟身上披的羽毛与哺乳动物的毛的构造是不同的），分别属于鱼纲、两栖纲、爬行纲和鸟纲。牛、猪、羊的蹄子成双，属于哺乳纲偶蹄目；狮、虎、狗、狼和猫属于食肉目；人与各种猴子、长臂猿、大猩猩、黑猩猩、猩猩等属于灵长目。灵长目动物的前肢和后肢各有五个手指或脚趾；有扁的指甲或趾甲；五指可以对握，用来抓东西；嘴和鼻子不像猪、狗等其他动物那样长而且特别凸向前方；有不同程度的立体视觉 *；脑子比较大；一般只有一对乳房；而且一胎通常只生一个孩子。在灵长目动物中，我们属于人科，人属，智人种，与猿类最接近。

---

\* 人的两眼都朝向前方，都能看到前方的景物，但是视角稍有不同，便使我们能感觉到景物的不同深度，产生立体视觉。猪、牛等脊椎动物也有两只眼，但是左眼生在左侧，右眼生在右侧，分别只能看到两边的景物，每只眼看东西的效果都像我们蒙着一只眼的效果一样，就不能形成"立体视觉"，看东西也就没有立体感。

门：脊索动物门（包括文昌鱼等）

亚门：脊椎动物亚门（包括鲤鱼、青蛙、乌龟、麻雀、牛等）

纲：哺乳纲（包括老鼠、蝙蝠、狗、马、猪、象、鲸、猴等）

目：灵长目（包括狐猴、眼镜猴、蜘蛛猴、猕猴、狒狒、长臂猿、猩猩等）

科：人科（包括大猩猩、黑猩猩、人等）

属：人属（包括人）

种：智人种

人所属的分类等级

本书将告诉你：一代代科学家通过怎样的途径才认识到现代人是如何从自然界脱颖而出的。科学家们起初利用间接的手段来推测，以后孜孜以求地寻找古人留下的骨骼和牙齿等化石、他们留下的遗迹和制造的遗物等直接证据以及其他有关资料，通过不断的研究和探索，把我们对人类祖先进化历史的认识逐渐引向深入。

最近20多年来，一些学者用分子生物学手段研究现代人的起源，提出世界上所有现代人都是20万年前生活在非洲的少数人的后代。按照这种理论，我国包括北京猿人在内的所有化石人类（除最近几万年以外）都已灭种，不是我们的祖先。这种说法正确吗？应该怎样看待中国人祖先的远古历史？笔者愿意用多年来学习和研究的成果与感兴趣的读者共同探讨这个问题。

# 进化论与神创论之争

现在科学家们都知道，应该努力寻找和挖掘深藏在地下的古代人的化石，通过研究它们来了解人类的过去。但是在19世纪中叶以前，古人类的化石发现得很少，人们也没有建立起以考古为基础的研究方法，科学家们只能通过间接的途径来推测人类的祖先。英国学者达尔文通过5年的环球航行，特别是航行期间对南美洲动植物的考察，提出世界上所有生物都是经过长期演化而来的观点，经过进一步研究又明确提出人是由古猿进化而来的观点，这在当时基督教占统治地位、宣扬上帝造人的欧洲引起了极大的震动。为坚持和捍卫自己的观点，达尔文和他的同道者们进行了不懈的努力。

# 关于人类起源的古老传说

人类天生好奇，对一切现象都要问个为什么。人人都知道自己是妈妈生的，妈妈是外婆生的，但如果问"外婆的外婆的外婆又是谁生的？"许多人就说不清了。尽管从家谱上可以追溯家族的始祖，但顶多只能将父系上溯两三千年。人们总想给任何问题都找个解释，在科学知识贫乏的时代，各个民族都会有些"聪明人"具有比一般人丰富的想象力，他们编造了各种神话，大多数人也信之不疑，满足了好奇心。于是不同民族就有了各具特色的传说。

中国汉族有女娲造人的古老传说。古时候有一位神仙名叫女娲，她感到一个人活在世上很孤独，就按照自己的模样用黄泥捏成一个个小人，吹口仙气，小人活了，都叫女娲"妈妈"。女娲为了人类不会绝种，便教男人和女人结为夫妻，传宗接代，成为今天的人类。女娲觉得用自己的手一个个地捏人太慢，便和出一摊稀泥，拿一条藤子或绳子沾满黄泥，用力一甩，甩出一个个泥点变成了一个个小人。这样粗制滥造的结果，不可避免会出现缺胳膊少腿的异常人。我国有一本古书还说，富贵聪明的人是女娲亲手捏的泥人变的，平庸和贫贱的人是女娲用力甩出来的泥点变的。我国藏族民间流传过古时有一只猴子与仙女结婚产生人类

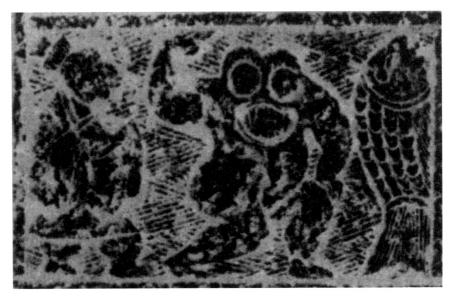

汉画像石

的传说。我国云南纳西族传说，人是从天和地孵抱的蛋里生出来的。彝族则传说男人是男神用黄泥在黄土山，女人是女神用白泥在白土山造出来的。……"文化大革命"（1966～1976年）期间有人在山东曲阜看见一块汉代的画像石，并排刻着一个人、一只猿猴、一条鱼，于是推测，这是否表示我国古代已经有了从鱼经过猿猴再进化到人的认识。但是既没有古书上这么写，民间也没有这样的传说，仅凭一幅画推测是很不够的。我们不应该以现代人的思想水平去解释古人的作品。

西方则比较流行上帝造人的说法，根据基督教《圣经》的记载，世界万物是上帝创造的：上帝第一天造出光，有了白天和黑夜；第二天造出天空；第三天造出大地和海洋，地面上分出水面和陆地，上帝还造出菜蔬草木；第四天造出日、月、星辰；第五天造出水里游的和天上飞的各种动物；第六天造出地上活动的各种生物，还用尘土照着自己的模样造出一个男人，他给男人取名亚当，把他安置在东方一处叫伊甸的花园

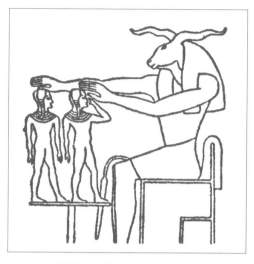

哈努姆在陶器作坊里用泥塑造人

里。上帝说那人需要有个伴，于是趁亚当熟睡时从他身上取下一根肋骨，造出一个女人作他的妻子，亚当给自己的妻子取名夏娃。上帝做完这些，第七天就休息了。

有的人读书多，还能讲出许多其他民族书中的记载和民间的传说。例如，古埃及相信第一个人是大神哈努姆在陶器作坊里用泥塑成的。新西兰的毛利人传说，人是神用红土和血造出来的……

许多传说尽管具体内容不同，但有两个共同点：其一，人是神造的，只不过神的名字各有不同；其二，最初的人就已经和现在的人一模一样，自古至今没有变化。既然人是神造的，当然人的一切早已由神做了安排，人应该而且只能听天由命了。

学校里的老师和博物馆的展览却告诉学生和观众：人是古猿变的。古猿变人的理论主张：人是自然界的产物，最初的人更加像猿，经过长期演变才成了现在的样子。既然人是自然界的产物，人的一切当然受自然规律的约束，人只有探索和掌握了自然界的规律，才能改变自己的命运。

这两种说法究竟哪种正确呢？相信你看完本书后会做出正确的判断。

# 达尔文和"比格尔号"环球航行

人类从 19 世纪才开始真正用科学的方法搜集证据来探索人类的起源。达尔文和他的同道者根据大量科学的观察提出，人是古猿进化而来的。这在当时的社会激起了轩然大波。实际上早在 18 世纪，法国博物学家布丰就曾提出过进化思想，但因为论据不足和宗教势力的打压不得不宣布放弃自己的观点。

达尔文（1809 ~ 1882）

达尔文 1809 年生于英国，他的祖父和父亲都是医生。达尔文从小就对自然界有很大的兴趣，常常搜集各种动物、植物和矿物的标本，观察鸟和昆虫的生活习性，有时还在自己家里做简单的化学实验。中学毕业后，父亲送他去爱丁堡学医，但他对医学不感兴趣。19 岁时，父亲又送他去剑桥大学学习神学，打算学成后让他当牧师。但是达尔文人在基督学院，心却想着如何去探索植物、昆虫和矿物的秘密。22 岁大学毕业后，达尔文没有去当牧师，而是到"比格尔号"巡洋舰上参加环绕地球的科学调查。开始这次航行前，他与当时许多博物学者一样，相信世上各种动物和植物自古就是这个样子，没有变化。在 5 年之久的环球考察中，他亲眼目睹了生物界无数奇妙的现象，开始改变原来的思想，逐渐相信各种动物和植物不是古今完全相同，不是一成不变，而是有所变化。在这次考察中，他也捎带做了些人类学的调查。当时英国在人工培育动植物新品种方面，已经有了相当高程度的发展。达尔文回国后，一方面细心分析在考察中观察到的各种自然现象，另一方面总结了当时生物学各分支的成就和在作物栽培、家畜驯养方面的生产实践经验，还根据自己的设想进行实验，在掌握大量资料的基础上，构想出一个完整的体系，揭示了生物界的发展规律。1859 年 11 月，已满 50 岁的达尔文经过 20 多年的准备，终于发表了惊动世界的名著《物种起源》，创立了进化论。

"比格尔号"巡洋舰

# 神创论的颠覆者——《物种起源》

华莱士（1823～1913）

关于《物种起源》的出版，还有一个小插曲。1858 年夏天，达尔文收到一个朋友——生物学家华莱士的一篇论文稿《论变种无限偏离原始型的倾向》，询问值不值得发表。达尔文本来打算将这篇论文立刻发表，但是他的朋友——地质学家赖尔和植物学家胡克都知道，达尔文早在 1844 年就已经写了表达同样思想的纲要，便劝他把他的纲要与华莱士的论文一起寄给林奈学会。达尔文接受了朋友们的建议，并于 1859 年出版了论证更详细的书稿《物种起源》。

在《物种起源》中，达尔文列举大量的科学事实指出，动物和植物都不是一成不变的，各种生物都有个体差异，不同的个体通过生存竞争、自然选择，适者生存，不适者被淘汰，实现由低级向高级的进化。在这本书中，达尔文推翻了那种把各种动植物看作彼此毫无联系的、神造的、一成不变的观点，顺理成章地让读者相信人也不可能例外——人应该也是在同一规律下形成和出现的。但是当时基督教在欧洲势力很大，达尔文不敢触犯宗教的教义，所以他在《物种起源》里只谈动物和植物，没有讨论人类起源的问题，而他又不愿掩盖自己的想法，于是在书的结尾部分捎带写了一句："放眼遥远的未来，我看到了涵括更为重要的研究领域的广阔天地。心理学将会建立在新的基础上，即每一智力与智能，都必然是由逐级过渡而获得的。人类的起源及其历史，也将从中得到启迪。"（摘自苗德岁译，译林出版社 2013 年出版的《物种起源》第 388页第 2 段）这不可避免地使人联想到，人的来源和形成的历史也遵循着与各种生物同样的规律，从而对基督教上帝造人的说教产生怀疑。

# 牛津的辩论

赫胥黎（1825～1895）

尽管达尔文小心翼翼地怕触怒宗教的权威，但是《物种起源》一书还是遭到了学术界保守势力和基督教会的强烈反对。1860年6月，即《物种起源》出版的次年6月，英国科学促进会在牛津开会，会上有3篇论文攻击达尔文。消息传来，牛津大主教威尔伯福斯宣称，他已下定决心要去讲坛"粉碎达尔文"。达尔文没有出席这次会议，他的好友、坚决捍卫达尔文学说的赫胥黎等参加了会议。那位主教根本不懂生物学，但他依仗宗教的权威，纠合科学界的保守势力一起攻击进化论，他说："按照达尔文的观点，一切生物都起源于某种原始的菌类，那么我们人类就跟蘑菇有血缘关系了……"他猛烈攻击达半小时之久，然后转向赫胥黎发问："按照你的关于人是从猴子传下来的信念，跟猴子发生关系的是你的祖父一方，还是你的祖母一方？"

听众发出了哄笑声，主教以似乎是胜利者的姿态结束了演讲。

接着由赫胥黎发言。他用大量的科学事实批驳了主教的发言，然后以庄严的神情，有力地回应了主教的挑衅："我说，我重复说一遍，一个人没有理由因为有猴子作他的祖先而感到羞耻。如果有一个祖先在我的回忆中会让我感到羞耻，那就是这样一种人——他不满足于自己的活动范围，却要费尽心机来过问他自己并不真正了解的问题，想要用花言巧语和宗教情绪来把真理掩盖起来。"听众显然听懂了他话里的意思。对主教的这一"污辱"引起了会场的混乱，教会人士跳起来大叫大嚷，一位贵族夫人当场气得晕倒了。"比格尔号"以前的舰长菲茨罗伊一面高举基督教《圣经》猛烈地摇晃，一面大叫："真正的权威是《圣经》，而不是我军舰上的毒蛇\*。"但是进步的科学工作者、大学生和许多听众都为赫胥黎热烈鼓掌，会议在进化论战胜神创论的气氛中结束。

---

\* 指 1831 ～ 1836 年间随 "比格尔号" 巡洋舰到世界各地考察的达尔文。

# 人猿同祖论

此后，赫胥黎在伦敦多次向群众宣传达尔文的进化论。1863年他将演讲结集成书，出版了《人类在自然界中的位置》。在这本书中，他详细比较了人和灵长类动物的身体构造，包括躯干和四肢的比例，头骨、脊椎、骨盆、手、脚、牙齿、脑子的构造，还有卵和胚胎的发育。在普通人看来，猿和猴是动物，与人不可同日而语，但是赫胥黎所做的比较清楚地表明，人类和猿类之间的差异比猿类和猴类之间的差异还小。由此可见，人是猿类的近亲，人是由古代的类人猿逐渐演化而来的。赫胥黎第一个提出，或许人和猿是从同一个祖先分支而来的，即"人猿同祖论"。他认为在生物分类上，把人和猿分别归入各自的"科"是合适的。

赫胥黎那时没有发现能阐明猿猴进化关系的化石证据，只能从活着的猴、猿与人身体结构的简单和复杂程度的比较来推测其间的进化关系，主张猴是人和猿的共同祖先。按照现在了解的情况，3,000多万年前非洲有一种古猴变成古猿，700万～600万年前非洲有一种古猿变成最初的人。

近年来分子生物学发现，人与黑猩猩基因组间的差异比以往从比较解剖学和胚胎学中看到的要小得多，只有大约1.23%，因此应该改变传统的分类办法。现在普遍接受的分类是人科下分猩猩亚科、大猩猩亚科和人亚科，人亚科再分为黑猩猩族和人族，不再保留猿科了。

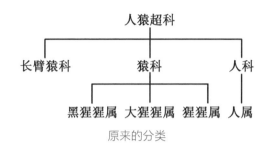

原来的分类

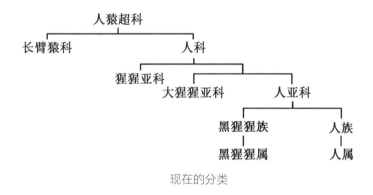

现在的分类

在"文化大革命"的头几年里，一切生命科学的书籍都不准出版。解禁后出版的第一本有关生命科学的书籍就是吴汝康等重新翻译的《人类在自然界中的位置》，可见这本书的科学价值。

# 达尔文的又一部力作《人类起源和性的选择》

在达尔文写作《物种起源》的时候,他已经想到过人类起源的问题。该书出版后他继续收集了许多新资料,并且进行了更深入的思考,在1871年发表了新书《人类起源和性的选择》,以人和动物在胚胎和身体构造上的相似作为证据,来论证人与动物的关系。他在书中举出一些在有的动物身上很发达,而在人的身上由于不再使用或用处减少而退化的构造,来帮助论证人类起源于动物。这些构造有的在人身上缩小了,如阑尾和尾骨;有的只能在少数人身上见到,如使耳朵活动的肌肉。人虽然没有尾巴,但是每个人都有一个小的尾骨,个别人还有一条小小的尾巴。人的耳廓上后侧有一个小的结节,可能是哺乳动物耳尖

有尾巴的小孩

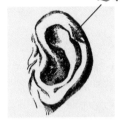

达尔文结节

人的耳朵

毛孩

的残留，这个结节后来被称为达尔文结节。前些年，我国曾经有过关于"毛人"和"毛孩"的报道，也是一种返祖现象。在《人类起源和性的选择》中，达尔文主要用大量篇幅论述了性的选择在动物生存和发展中所起的作用，得出了人类起源于古代猿类的结论。附带说一下，过去以为人的阑尾不但无用，而且还可能发生阑尾炎，既然有害无益，不如在婴儿出生时就把它割掉。从后来的研究得知，阑尾是一个淋巴器官，对杀死侵入肠子的细菌有用，不应该随便把它割掉。

# 漫长的发现之旅

　　众多关于"神造人"的传说有一个共同点——最早的人和现在的人模样相同；而古猿变人理论则认为：越古的人越像猿，越不像现在的人。这两种说法究竟哪种正确？最好请古时候的人自己来回答。达尔文和赫胥黎在人类起源研究中的论据主要得自比较解剖学和胚胎学，都是间接的证据。人们需要直接的证据。虽然古人死了，不会说话，不过极少数人的遗体因为埋藏在特殊的环境中，地下水中无机物渗入骨骼和牙齿使其不腐烂，变成化石。研究那些化石，就能推测古人的身体结构，看看究竟像现代人，还是越古老越像猿。找到化石很不容易，既要有求索的决心和毅力，还要有机遇和能力。而让化石说出历史的真相，更要经过精准的观察、测量和比较以及缜密的思考、合乎逻辑的推理与广泛的讨论。在这些方面，前辈科学家们付出了艰苦的努力，把人类历史的记录一步步延长，推向遥远的过去。

　　19世纪中期发现尼安德特人，人类历史被定为5万～10万年；1931年确认了北京猿人石器，人类历史延长至约50万年；1959年非洲奥杜威的石器被测定为175万年前，人类历史记录再次延长；20世纪70年代，人类定义从会制造工具的高等灵长类改为经常性两足直立行走的高等灵长类，南方古猿成为人类一员，人类历史被修订为300多万年；1994年关于地猿的论文发表，人类历史记录延长至440万年前；2000年千禧人科研报告的发表把人类历史记录推前至600万年前……

　　这个漫长的发现之旅表明，对人类历史长度的认识是随着新证据的发现而与时俱进的。

# 最早露面的直接证据——尼安德特人化石

最初出土的人类化石是 1823 年在英国海边一个名叫帕维兰的山洞里出土的一副骨架，骨上沾有红色的粉末，在人骨附近还发现了骨器、装饰品和动物化石。由于当时基督教思想的强大影响，这个发现没有引起世人的重视，人们以为那不过是古罗马时代人的遗骨。直到 1912 年，科学家们才认识到它是属于人类进化最后阶段的化石。

真正最早产生较大影响的人类化石，是 1856 年采石工人在德国尼安德山谷石灰岩陡壁上一个山洞中挖掘出来的一些人骨，包括一个头盖骨和肋骨、肩胛骨、锁骨等。工人把这些骨头交给当地的一位医生，医生将这些标本带到波恩大

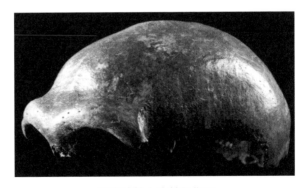

尼安德特人头盖骨化石

学。该校教授沙夫豪森认为，这是欧洲比古日耳曼人还早的古代人骨。他在1858年发表了相关的论文。论文发表以后，有人赞成，有人反对。影响最大的批评来自当时名声最大的病理学家，德国人菲尔绍。

菲尔绍（1821～1902）

菲尔绍认为，尼安德山谷的头盖骨属于一个白痴。另有人主张，这些人骨的主人是一个佝偻病患者。几年以后，一位姓金的爱尔兰人体解剖学家仔细研究了这些人骨，确信它们代表一种与现代人不同的古代人类。1864年，金将这种古代人类命名为一个新的物种：人属尼安德特种*，或尼安德特人。

在那个山洞里没有发现动物化石和石器，无法判断人骨的具体年代，因而世人对于这个结论疑信参半。直到1886年在比利时一个叫斯披的地方又发现了两个头盖骨，形态与30年前在尼安德山谷出土的很接近，而与现代人显然不同。幸运的是，在斯披还出土了大量与人骨相伴的动物化石。动物化石中包含洞熊、驯鹿、披毛犀和古象等的骨骼和牙齿。由于当时古生物学已经认

---

\* 尼安德山谷的德文名字叫 Neander，山谷的德文是 Tal，在订立物种名时，将此二字 Neander 与 Tal 连在了一起，故物种名成了尼安德特种。

披毛犀

一种早已灭绝的古代犀牛，生活在距今大约 200 万年至 1 万年前之间。它身上披着长毛，能在比较冷的气候下生存。

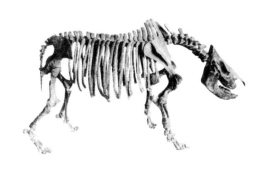

披毛犀骨架化石

识到其中许多动物早已灭绝，斯披的这些人骨代表与现代人显然不同的古人类的看法得到了大家的认同。而尼安德特人的形态特征与之相同，从此尼安德特人（以下简称为尼人）在人类进化史中也就有了一席之地。

这个过程提示我们：新化石的发现和对新化石的正确认识往往会经历一个曲折的过程，依靠新的与之相关的有力证据才有望澄清争议，取得共识。

# 19 世纪出土的最早人类——爪哇猿人

　　1891 年，在东南亚爪哇岛（现在属于印度尼西亚）梭罗河边特里尼尔村附近，发现了一个头盖骨，这在研究人类起源的事业中掀起了一场

爪哇猿人发现地

杜布瓦（1858 ～ 1940）

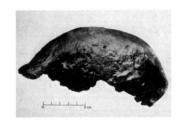

爪哇直立猿人头盖骨

轩然大波。事情的缘起是，欧洲学术界对尼人地位的热烈讨论引起了荷兰一位姓杜布瓦的年轻解剖学者的极大兴趣，使他立志寻找人类的远祖。杜布瓦相信人猿同祖论，而猿只能在热带生活。东南亚的猩猩与人类关系很密切，他认为人类的发源地很可能在东南亚。当时东南亚大部分地区是荷兰的殖民地，被称为荷属东印度群岛，有荷兰的占领军。杜布瓦本来是阿姆斯特丹大学的解剖学讲师，为了去东南亚寻找人类的远祖，他投笔从戎，做了荷兰殖民军的军医。借此机会，杜布瓦通过当地群众寻找化石。功夫不负有心人，1890 年他果然在爪哇岛的克东布鲁布斯找到了一块人类下颌骨化石残片。第二年他在 30 多公里外的特里尼尔村附近，发现了一个不带脸面部分的头盖骨和一颗牙齿。第三年即 1892 年，又在距离头盖骨 15 米的地方找到了一根人的大腿骨。

当时学术界设想的人类起源过程是从古猿发展到"不会说话的猿人"，再发展到后来的人，猿人是从猿到人过程中"缺失的环节"。那个头盖骨的颅容量\*只有900多毫升，折合成脑的重量约为900克，而现生人类的脑子重量平均为1,350～1,400克，现生的最大猿类——大猩猩脑子重量最大为600多克，爪哇这个头盖骨介于人和猿之间，杜布瓦以为自己终于找到了这个"缺环"，便用"猿人"这个词作为他发现的这种古人的属名。那根大腿骨和现代人的一样，在骨体背面也有一根股骨粗线或称股骨脊\*\*，表明它的主人能够直立行走，因此杜布瓦便用"直立"这个词作为这种人的种名。在1894年发表的论文中，他将这位祖先称为直立猿人。因为是在爪哇发现的，后人也称之为爪哇猿人。

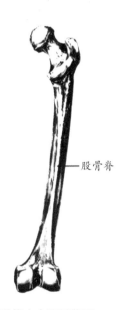

股骨脊

当时被认为属于爪哇猿人的大腿骨　　　现代人大腿骨背面

---

\* 头骨能够容纳的体积是颅容量，这个体积主要包含脑子，还加上其包膜和两者间的脑脊液。后两者所占体积很小。脑子的比重接近1，所以可以认为颅容量以毫升为单位的体积等于脑子以克为单位的重量，或称脑量。

\*\* 人的大腿骨最与众不同的是，在骨干或骨体的背面有一条粗壮的壁柱状的股骨脊。这是唯独人才有，其他动物都没有的特征。直立姿势要求膝关节（大腿与小腿之间的关节）和髋关节（大腿与躯干之间的关节）保持伸直的状态，从而要求这两个关节周围的肌肉共同强有力地工作。这些肌肉大多附着在股骨表面。它们的发达使大腿骨背面产生了这条粗壮的股骨脊，也使得大腿骨骨干成三棱柱状，后者也是人类的一个特点。

与这个头盖骨一起，还出土了动物化石。根据古生物学的研究结果，动物都是不断进化的，在进化过程中，其身体构造会发生变化。当时古生物学已经积累了很多资料，知道什么时期存在什么动物，它们的形态各有什么特点。利用这些资料，古生物学者就可以根据所发现的动物化石来判断那些动物生存于什么时代。按照这样的原理，当时推断这种化石人类生存于大约 50 万年前。后来用同位素测定年代，所得结果表明这个头盖骨的埋藏时间可能早至约 100 万年前，而大腿骨的年代应该晚得多。

当时人类学界普遍认为，人是制造工具的动物，会制造工具才是人，不会制造工具不能算人，仍旧是动物。而根据估算，爪哇这个头盖骨的脑量只有 900 多毫升，比正常的现代人脑小。它的前部有粗厚的眉脊，前额很扁塌，后部有枕骨圆枕。这些都与现生的猿类接近，而与现代人不同。更重要的是，在头盖骨和大腿骨化石的附近没有发现人造的工具，他能否算人便值得怀疑了。现在考虑有石器与人骨共存并不必然意味着石器是那种人制造的，没有石器共存，也不能证明那种人不能制造石器。但是当时学术界的思维逻辑与现在不同，这个问题引发了激烈的争论：有人认为是人，有人认为是长臂猿，有人认为是猿和人之间的中间环节。杜布瓦感到十分困扰，干脆将这些化石锁在保险柜里，不再让人观看和研究。在研究其他灵长类的形态学之后，杜布瓦改变了自己原先的观点，宣称他所发现的这些化石属于一种大型的长臂猿，他保持这样的观点直到 1940 年去世。

# 皮尔当骗局

正当关于爪哇猿人究竟是人还是猿、人类历史能不能达到 50 万年的争论还是世人心头的悬案时，1912 年在英国又冒出了一个令科学家兴奋的新线索。那时英国有一个姓道森的乡村小律师，同时是个地质学爱好者，经常利用业余时间去野外寻找化石。1910 年，他在伦敦东南大约 60 公里的皮尔当村公园附近，从被采砂工人遗弃的砂砾坑内发现一块人类

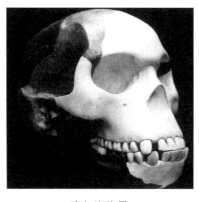

皮尔当头骨

头骨的破片，1911 年又发现了一块。作为大英博物馆名誉采集员的道森将发现的化石送到该博物馆的古生物学部。该部负责人伍德沃德特别注意到这些头骨片很厚。1912 年夏天，他与道森以及当时已经在古生物学界崭露头角的法国神父德日进一起去现场进行系统发掘，又找到另外几片，可以拼接成一个人类头骨脑颅*左侧的大部

---

* 头骨包括颅骨和下颌骨。颅骨又可分为两部分，装脑子的部分叫作脑颅，另一部分是面颅，面颅是脸面的骨骼基础。

分和右侧的一部分，其形态与现代人基本一致。他们还发现了半个不完整的右侧下颌骨和两颗牙齿——下颌骨似猿，牙齿磨耗很重。此外，还有一些动物化石和石器。根据古生物学的知识，这些动物生存于大约50万年前。伍德沃德将这些头骨碎片和下颌骨拼接成一个头骨，认为属于一个大约50万年前的人，给他取了个学名——道森曙人（"曙人"意思是"黎明的人"，即最早的人）。他估计其脑量为1,070毫升。著名的神经解剖学家斯密斯说，这是"迄今有记录的、最原始的、像猿的人脑"。

英国皇家外科学会会员、解剖学家和人类学家基斯用这些头骨片按照另外的思路做了拼接，也复原出一个头骨，脑量达到1,400毫升。当时学者们相信，脑子是人类进化的主导因素。这个脑颅的脑量与现代人一致，下颌骨却与猿相似，与人很不同，也就是说，他的脑子比下颌骨进步。大脑引领身体的进化，这正符合当时学术界的看法。

中间站立者是道森，
坐着测量者是基斯

颅骨像现代人，下颌骨、牙齿像猿，这样一种奇怪的组合引起了美国古生物学家格列高利的怀疑。他认为，"这可能是一个精心策划的骗局"。美国国家自然博物馆的米勒认为，下颌骨是化石猿的。不少解剖学家觉得，如此像现代人的脑颅与如此像猿的下颌骨配在一起，不符合比较解剖学关于身体结构相关的原理，理论上不可思议。尽管如此，在20世纪50年代以前，许多学者还不能相信这是个骗局。

1949年，大英博物馆的奥克利测试了皮尔当各种化石的含氟量，发现颅骨片与下颌骨含氟量差距不大，而它们与动物化石差距很大，其他元素含量也差距很大，因而头骨不可能与动物化石属于同一时代，而是更晚近。1950年，他发表报告提到，仍旧不能肯定皮尔当颅骨和下颌骨是否属于同一个体。

1953年，牛津大学的韦纳在用黑猩猩下颌骨做实验时发现，很容易就可以将黑猩猩下颌骨改造和染成皮尔当下颌骨的样子。他联想到，皮尔当的标本可能是个骗局，于是把这个想法告诉了导师克拉克，以便通过导师寻求与奥克利合作。这时随着技术的发展，含氟量分析的精度已经大为提高，可以得出肯定的结论——颅骨片和下颌骨的含氟量差别颇大。于是他们发表论文宣布：下颌骨是近代的，颅骨片比较古老。他们还证明，皮尔当下颌骨是将现代猿的下颌骨改造并染色，使之与颅骨颜色相匹配的产物。以后的研究还表明，那里发现的曙石器也是假的，大燧石工具和古老的动物化石都是从别的地方移来的。1982年，罗文斯坦等证明那个下颌骨是猩猩的。

1954年，当骗局被全面揭穿时，道森和伍德沃德已经去世。谁是这个骗局的制造者成了一个难解的谜。

无独有偶，日本2000年也揭露了一个考古上的骗局。1975年起，在日本本州岛东北部的上高森陆续发现了许多旧石器地点，年代可早到50万年前，被认为是发现于日本列岛的最早的旧石器遗址之一，在探讨亚洲旧石器文化的源流上也具有重要意义。但是其中有些标本令人怀疑，为了揭开谜底，日本的记者偷偷安装摄像机，抓了个人赃俱获。骗局的制造者是日本50岁的"业余考古学者"、日本东北旧石器研究所副理事

所谓的"上高森遗址"。图中左起第 3 人为藤村新一

长藤村新一，他不得不在 2000 年 11 月 5 日的记者招待会上承认，从上高森遗址出土的大部分石器是他自己预先埋进去的，另一个地点的石器也全是他自己埋进去的。

　　许多人关心人类起源和进化，从而关心人类化石和其他遗迹的出土，这本是件好事。可叹的是，有些心术不正之徒却费尽心机，通过弄虚作假骗取荣誉和利益。不过假的就是假的，迟早会被揭穿，人们终将看到事物本来的面貌。尽管如此，时至今日在科学研究中弄虚作假的事情还是屡见不鲜、屡禁不止，不可不提高警惕。

# 周口店的新发现——中国猿人

20世纪20年代，科学界普遍相信人类起源是由于喜马拉雅山隆起，挡住了随海风由南边的印度洋吹来的潮气，使得山北面的气候变得干燥、森林变得稀疏，在那里生活的古猿不得不下到地面生活，不得不用双手谋生，改用两条腿走路，最后变成了人。于是，不少探索人类起源的学者纷纷组织和参加考察队来到亚洲中部考察，结果在那里没有发现人的化石，却发现了许多新的恐龙化石地点。

也是20世纪20年代，瑞典地质和考古学家安特生作为中国北洋政府农商部的矿政顾问，在中国各地从事地质调查。要找矿，必须首先搞清楚地层的先后次序，定出各地层形成的年代。现在可以用放射性同位素来测定许多地层的年代，但是在那个时候还没有放射性同位素测年技术，地质学家主要靠地层中埋藏的动植物化石来推测和判断年代（参见第25页）。

为了给地层定年代，安特生自然对寻找化石很有兴趣。1918年2月，他偶然从一位在北京教书的外国人那里了解到，距离北京广安门48公里的周口店村附近有动物化石。那位朋友还告诉他，周口店一带有不少石灰岩山洞，洞中有许多化石。1918年3月22日，安特生特意去周口店考察了两天。

周口店村西有条小河，叫坝儿河，河西有个小火车站，其东南4公里有座小山。也许因为山上有细小的骨骼化石，当地群众以为是鸡骨，所以将那座山称作鸡骨山。1921年夏，安特生和他的助手师丹斯基一起来到鸡骨山发掘化石。师丹斯基是奥地利人，不久前才获得古生物学博士学位。一位看他们发掘化石的老乡告诉他们，这里的龙骨*都很小，没有大的，离这里不远有另一处地方，可以采到更大、更好的龙骨。安特生进一步询问了一些情况之后，便跟着那人向西北面的一座石灰岩小山走去。

新的化石地点在龙骨山东坡一个废弃的采石场里，位于火车站以西150米，位置比铁路高。在采石场的石灰岩块体之间有一条很宽的裂口，里面填满了地质学所称的"堆积物"，包含砂土、碎石块和大小动物的

龙骨山远景素描图

---

* 中药里有"龙骨"和"龙齿"，能治疗腹泻和刀伤。实际上，两者都不是传说中龙的骨头，也不是恐龙的骨头，而是比恐龙晚得多的动物的骨骼和牙齿化石。

031

碎骨等。这些物质被石灰岩裂缝中流过的含钙质的水紧紧胶结在一起。在那里工作了不大一会儿，安特生及助手便找到了一件大动物的下颌骨。后来经研究确定，这是一种早已灭绝的动物——肿骨鹿*的下颌骨。那天还找到了犀牛、鬣狗、熊等的化石。

肿骨鹿

就在这次考察中，安特生注意到，在龙骨山石灰岩溶洞的堆积物里，有一些白色的破碎石英片，其锋利的刃和尖可以用来切皮割肉、挖掘地下块根。这里是石灰岩地区，按常理不会有石英。他想到，这些石英片只能是从别的产石英的地方搬运来的。是谁运来的呢？风吹不动，水流带不了这样远、越不过这

比北京猿人遗址稍早的周口店
第 13 地点出土的肿骨鹿角

块地方与石英产地之间的许多沟沟坎坎，鸟兽也不可能，看来只能猜想是远古人类把这些石英片从远处带到这里的。他对师丹斯基说："我有一种预感，原始人就在这里。现在我们必须去做的，就是要找到他。"

1921 年和 1923 年，师丹斯基和他的同事在这里又挖掘出许多动物化石。根据那些化石可以判断堆积物大约形成于 50 万年前。1923 年还挖掘出一颗像人的牙齿，但是因为牙齿的主人太老，咀嚼面上的花纹被磨掉，无法分辨这颗牙齿属于人还是属于猿。所以他们还不敢高兴得太早。

---

* 生活在中更新世的一种体形相当大的鹿，下颌骨肿厚，故名。

从这里挖掘出来的化石一般会与土、石胶结在一起，有许多还包在胶结的土石块里面。当时中国还没有技术工人能将化石细心地与胶结的土石块分离（古生物学者将这道工序称作"修理"），所以研究人员将挖出来的带着化石的土石块运到瑞典的乌普萨拉，以便进行修理。1926年夏天，在瑞典修理出来一颗人牙，这颗牙的主人比较年轻，牙的咀嚼面花纹保存得较好，足以被认定属于人类而不属于猿类。

同年5月，瑞典王太子古斯塔夫六世夫妇周游世界，先到美国，再访问日本，10月初到北京。古斯塔夫六世是一位业余考古学者，当时担任瑞典科学研究委员会会长。过去几年安特生在中国进行古生物和考古调查的经费，就是由这个委员会赞助的。因此，安特生便选择在欢迎王太子到北京的会议上宣布：在北京的周口店发现了50万年前的古人类。10月22日下午，地质调查所、北京自然历史学会、北京协和医学院（1929～1942年被国民政府教育部改名为私立北平协和医学院，1949年恢复原名，后来又多次改名，本书中统一采用原名）等学术团体联合为瑞典王太子访华开了一个欢迎会，地点设在东单三条北京协和医学院的大礼堂。

周口店的这个发现令世界震惊和兴奋。那时流行的关于人类起源的观点，是喜马拉雅山的隆起挡住了从印度洋吹来的湿润空气，使山北面的森林凋败，原来生活在那里的古猿不得不下地谋生，终于变成了人类。周口店的新发现在某种程度上支持了这个观点，许多对研究人类起源感兴趣的科学家都将目光投向周口店。

那时，北京协和医学院解剖科主任是加拿大人步达生教授，他很想在研究中国的古人类上取得好成绩。北京协和医学院是受美国洛克菲勒基金会资助的单位，步达生成功地取得了这个基金会的支持，得到了一笔用于在周口店进行发掘的经费。为了便于开展工作，他决定和中国政府所属的最高地质学研究机构——地质调查所合作，与该所所长翁文灏拟定了合作协议，以曾任地质调查所所长的中国地质学家丁文江为周口店发掘项目的名誉主持人。1927年3月开始发掘。收工前3天，也就是10月16日，在几年前师丹斯基发现第一颗人牙的地点附近，又找到了一颗人牙，这是一颗相当大的下臼齿（即下磨牙）。当年12月，步达生发表专刊《周口店堆积中一个人科下臼齿》，认为已发现的3颗人牙代表50万年前在周口店生存过的一种古人类，但与同时生活在爪哇的直立猿人差别很大，因此他给周口店的标本取了个不同的学术名称——属名，中国人；种名，北京。翻译成中文是"北京中国人"或"中国人北京种"。媒体则称之为"北京人"。不知当时是哪位前辈觉得将这种古人称作"中国人"不大妥当，不能将其与现代中国人区别开来，于是参照爪哇猿人的名称在"中国人"中加了个"猿"字，改称"中国猿人"。随着标本的增加和研究的深入，古人类学家布勒等发现周口店标本和爪哇标本之间的差异比过去认为的要小，够不上"属"一级的差别，应该归并入"猿人"这个属。1946年，他将"中国（猿）人"这个属名废弃，保留"北京"这个种名，从此将周口店这种古人类的学名改成"猿人属北京种"，于是中文翻译改成"北京猿人"。1946年，坎贝尔认为周口店和爪哇标本之间连"种"一级的差异都够不上，主张废弃"北京"这个种名，将周口店的标本归入"直立人"这个物种。他认为此两处标本之间只具有"亚种"间差异，主张将"北京"这个种名降级为"亚种名"，中文翻译就成了"北京直立人"。此后"北京猿人"和"北京人"都成了他的通俗名称，前者更能表达出他是与现代人不同的人。而"中国猿人"或者"中国的猿人"则被用来泛指在中国出土的直立人。

但是，单单根据3颗牙齿就断定50万年前有一种人在这里生活过，会不会令人难以相信？步达生决定继续挖下去。1928年，周口店的发掘工作现场由刚从国外归来的杨钟健负责。杨钟健曾在德国慕尼黑大学地质系学习古脊椎动物学，1927年获得博士学位，并且在瑞典研究过从周口店发掘出来的化石。那年新参加周口店工作的大学毕业生还有1927年从北京大学地质系毕业的裴文中。那时，中国的经济和文化教育都很落后，社会上没有那么多可以让大学毕业生施展才能的机会，不少大学生毕业即失业，长期找不到工作，生活困难，裴文中也未能逃过这样的厄运。1928年春，他恳请地质调查所所长翁文灏设法为他找工作。本来，地质调查所已经聘请了杨钟健负责周口店的发掘工作，但是他生病了，1928年春天仍未痊愈，周口店不能及时开工。翁文灏便教裴文中去周口店当杨的助手，在管理事务的同时跟着学习古脊椎动物学。

1929年，杨钟健决定随同法国神父德日进等一批地质学者去山西、陕西研究华北的地质。翁文灏便教裴文中负责周口店的发掘工作。这一

1928年步达生（右起第3人）、杨钟健（左起第4人）、
裴文中（左起第1人）和德日进（右起第2人）等在周口店

年秋天，挖掘的面积逐渐收小，本来预计所剩堆积物不多，工作快要结束。但当向下挖到距离山顶30多米、面积窄到似乎无可再窄的地方时，忽然又出现了一个小的洞口。为了探探洞的深浅，裴文中同一个工人腰间系上绳子，慢慢下到洞里，许多人在洞外拉着绳子，以免发生意外。下去大约10米之后，看见洞底化石非常之多，他们高兴极了。当时已经是11月底，天气渐冷，应当停工了，但裴文中决定再继续干几天。

正如古诗中所说："山重水复疑无路，柳暗花明又一村。"想不到，在带着乔德瑞、宋国瑞和刘义山等4名工人挖掘这个小洞的第2天（12月2日）下午4点多钟，裴文中竟看见了一个一半露在外面、另一半还埋在硬土里的猿人头盖骨。他的运气真好！这就是后来名扬中外的北京猿人的第一个完整头盖骨。那时天色已晚，裴文中怕夜长梦多，连夜把它挖了出来。因为刚从地里挖出来的头盖骨很潮湿、很容易被碰碎，他带着王存义和乔德瑞连夜生上炭火，烤了两夜。然后用绵纸将头盖骨厚厚地糊起来，外面再糊上石膏和麻袋片，烘干后用旧棉被褥包裹起来。12月6日，裴文中乘长途汽车，

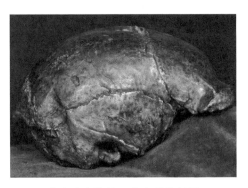

北京猿人的第一个完整头盖骨

裴文中怀抱包得严严实实的北京猿人头盖骨

王存义（摄于 2001 年，时年 90 多岁）

北京猿人的第一个完整头盖骨出土时，他在周口店另一个地点发掘，曾经去现场参观过第一个完整头盖骨的挖掘和后来的烘烤。现在一般用的北京猿人复原像就是 1959 年他在吴汝康和吴新智指导下塑成的。

像带普通行李那样把这件宝物送到了北京协和医学院。他在出发前，抱着那个包得严严实实的头盖骨照了一张相，可惜拍照人王存义匆忙间没有看清画面，以致后来洗出的相片上缺少了裴先生的面孔。

　　1928 年在周口店发现了人类的下颌骨，将其出土的具体位置编为 A 地；同年又在另一处发现人类破碎的额骨、顶骨碎片、下颌骨断片和月骨，将此处编为 B 地，将这些颅骨破片合编为第 I 号头骨。1929 年在另一处发现人类下颌骨和股骨断片，将此处编为 C 地。同年又在另一处出土头骨破片，此处被编为 D 地。1930 年，在北京协和医学院的实验室里，技术工人在修理 1929 年在周口店 D 地挖出来的化石时，又发现了一些人类头骨破片，将之与也在 D 地出土的其他头骨破片拼接成一个不大完整

周口店，人们在发掘

照片是1936年北京猿人洞发掘现场，用石灰画出方格以便记录发掘出的标本所在的位置。

贾兰坡和发掘人员在周口店猿人洞工地

照片中后排右起第2人为贾兰坡；前排左起第2人和后排右起第1人是董仲元和赵万华，他们两人1937年在周口店被日本侵略军占领时惨遭日军杀害。

的头盖骨，称为第 Ⅱ 号或 D 头骨。这实际上是最早出土、但当时未被认出的第一个北京猿人头盖骨。它不及 1929 年 12 月发现的那个头盖骨完整。那个 1929 年 12 月挖出、第一个被认出的头盖骨是在 E 地出土的，是第三宗出土的猿人头骨化石，所以被称为第 Ⅲ 号或 E 头骨。1935 年，裴文中去法国攻读博士学位，贾兰坡接替他负责工地的工作。1936 年，在 L 地又有 3 个头盖骨从猿人洞里被挖出来，分别被称为第 X、XI 和 XII 号或 LI、LII 和 LIII 头骨。

北京猿人第 Ⅲ 号头骨的发现带来了比此前发现头骨破片、月骨和牙齿更大的惊喜。在此之前，学者们普遍认为，人类历史最早的化石记录是西欧的尼人，距今不超过 10 万年。更早的人类化石不是没有发现，但是都有疑点。前面已经说过，爪哇猿人和皮尔当人在不同的方面受到质疑。另一件化石是 1907 年 10 月一个工人在德国海德堡城附近距毛尔村不远的一个大砂坑下部发现的人下颌骨，也因为没有发现伴存的石器，加上当时对年代有争议而且形态很像尼人，所以没能受到应有的重视。

海德堡人下颌骨

039

从 1929 年起裴文中就注意到，在猿人洞出土的土石中，有不少破碎的石片和石块与一般天然破碎的不同，好像是猿人故意打制的。但是有些同事不同意他的推测。1931 年，从法国请来当时研究旧石器的权威学者步日耶。步日耶研究了从周口店发掘出来的那些破石片，确认其中有人工打制的石器。同年，步达生发表论文公布了北京协和医学院和法国巴黎博物馆分别做的实验，证明从猿人洞里挖出的黑色物质是人类用火后留下的遗迹。所有这些都表明，北京猿人虽然脑量只比 900 毫升稍大一些，但是已经脱离了猿的范畴，不愧为人类的一员。20 世纪后期，有些学者对北京猿人会用火的看法提出质疑，关于这个问题的争论我们将在本书第 79 和 80 页中介绍。

北京猿人能制造工具符合流行于 20 世纪前期的人类定义，即人是制造工具的动物，因此很快便被接纳进了人类大家庭。这样就将人类历史的化石记录令人信服地向前推了大约 40 万年。爪哇直立猿人的头骨与北京猿人的大同小异，许多学者也就同意把他归入人类。爪哇猿人发现后由于不符合当时流行的理念，没能受到正确的对待。尽管如此，40 年后由于出现了更加有力的新证据，爪哇猿人化石在人类进化中的位置终于得到澄清。

1937 年，周口店的发掘工作因日本军队的入侵而中断。

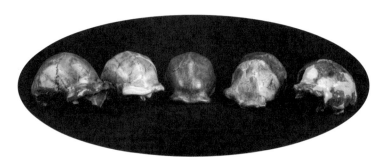

1937 年以前发现的 5 个北京猿人头盖骨，在 1941 年丢失了

# 非洲奥杜威的新发现

在以后的 30 年中，北京猿人与爪哇猿人并列为最早的人类祖先。直到 1959 年，玛利·利基在非洲坦桑尼亚的奥杜威峡谷发现了一件相当完整的、看起来像大猩猩的头骨化石与石器伴存。她当时以为那些石器是这具头骨所代表的生物制造的，于是给他取了个属名"东非人"，种名"包氏种"。这个种名是为了感谢资助利基夫妇在东非进行古人类调查

奥杜威峡谷

和发掘的包易斯而订的（以后不久，其他古人类学家研究了那个头骨，主张它应当属于南方古猿的一个种，并得到大家的认同，于是这种生物改名为南方古猿包氏种）。年代学家用钾氩法*测定了这件化石和石器所在地层的年代，得到的结果为大约175万年前，这些石器是如此古远时期存在人类的间接证据，将人类的历史记录向前推了100多万年。

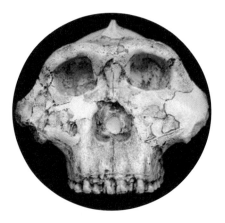

"东非人"头骨

路易斯·利基、玛利·利基
和他们的宝贝"东非人"头骨

1960年，玛利·利基的长子乔纳森在奥杜威峡谷距他母亲发现"东非人"头骨不远处，发现了一个小孩的头骨片，使得人类史前时代的故事变得更加复杂。这个标本相对较薄，当时估计脑量有650毫升。玛利的丈夫路易斯·利基和同事们研究了这个标本和不久后在同一地点发现的更多人类化石，于1964年联名发表研究报告，给1960年发现的这些化石取名"能人"。作为人属的早期成员，能人生活的时代估计为190万年前。有的人类学家转而考虑，所谓"东非人"的石器可能是能人的作品，而"东非人"也许是能人的猎物。

---

* 测定火山喷发物形成的岩石中 $^{40}Ar$ 和 $^{40}K$ 的比值以推算该地层的年代。非洲和印度尼西亚常有火山喷发，测定火山物质所在地层的年代可以推算埋藏在其上或其下地层中的化石的年代。

"能人"的意思是"手巧的人"，这个名字是南非一位资深古人类学家、南方古猿的命名人达特建议的，他设想能人是能制造工具的人。将脑量650毫升的小孩标本归属于能人的提议引起了争论，因为多年来古人类学界一直遵守的人属定义要求脑量大于或等于750毫升，这个数值介于现代人与现代猿之间，被认为是人和猿脑量之间的"界河"。后来的研究认为，成年能人的脑量可能达到800毫升。1972年，玛利和路易斯的另一个儿子理查德·利基领导的考察队在肯尼亚发现了成年能人的头骨——著名的1470号头骨。

1470号头骨的全称是KNM-ER1470号头骨。KNM是肯尼亚国家博物馆的简称，ER指的是鲁道夫湖（后来为了去除殖民主义影响更名为特卡纳湖）以东。这个头骨化石是该博物馆在这片地区发现的编号为1470的标本。该标本于1972年被发现时，已碎成150多块，经过细心拼接才成为一具比较完整的头骨。虽然1960年已经发现了能人的标本，但是残缺不全。KNM-ER1470号标本是出土的第一具能人头骨。这具头骨的年代是180万年前，脑量775毫升，头骨和牙齿的形态都比南方古猿更接近现代人，所以被认为更可能是人类的直系祖先，这具头骨后来又被归属于鲁道夫人。

米芙·利基与理查德·利基在拼接KNM-ER1470号头骨化石

利基家族是一个聚集了众多世界著名古人类学者的家族，成员包括路易斯和玛利夫妇，以及他们的儿子理查德和儿媳米芙等。

路易斯（1903～1972）

路易斯 1903 年生于肯尼亚的一个英国传教士家庭。1922～1926 年在英国剑桥大学学习语言学、考古学和人类学。毕业后回到肯尼亚工作，多次领导探险队在东非调查石器时代文化。他的前妻过不惯终年在非洲野外调查、发掘化石和石器的清苦生活，而路易斯又不愿放弃自己在探索人类起源方面的执着追求，两人只能离婚，各走各的路。1931 年路易斯第一次考察奥杜威峡谷。1951 年与第二任妻子玛利一起，开始在那里做系统的调查和发掘工作。1959 年，玛利终于发现了"东非人"头骨，这一事件被列为当年世界十大新闻之一。路易斯发现的著名化石有能人化石、肯尼亚古猿化石和 3 种原康修尔猿化石等。

玛利和路易斯在发掘化石

玛利 1913 年生于英国伦敦，曾在法国学习史前考古学，与路易斯相识于伦敦。路易斯欣赏她的绘画才能和考古知识，1933 年邀请她去非洲为他的新书《亚当的祖先》绘图。3 年后，他们结婚了。路易斯与玛利志同道合，在东非为古人类学的事业奋斗了一生。1972年路易斯去世后，玛利带着助手在坦桑尼亚的莱托里调查和发掘，发现了约360万年前的许多人的和动物的脚印行列以及那时的人化石。她的主要著作是《奥杜威峡谷石器的研究》，书中阐述了从将近200万年前到10万年前东非旧石器文化发展的过程——从简陋的石制砍砸工具发展到较复杂、较精致的多功能手斧和其他工具。她的研究报告是研究东非旧石器的经典著作。玛利于1996年去世。

理查德1944年生于肯尼亚内罗毕，肯尼亚国籍，是利基夫妇的次子。理查德没有大学学历，靠自学成为古人类学专家。他组建和长期领导了由多国学者参加的古人类学考察队，在肯尼亚的特卡纳湖地区和埃塞俄比亚的奥莫地区发现和研究了许多著名标本，如1470号能人头骨、纳里奥科托姆男孩骨架等。1977年他还在内罗毕创建了国际纪念路易斯·利基非洲史前史研究所（该研究所现在已并入肯尼亚国家博物馆）。20多年来，该研究所一直是全球古人类学的重要科研中心。

米芙长期在肯尼亚特卡纳湖地区调查和发掘，1994年报道和研究了她与同事发现的距今420万～380万年前的南方古猿湖泊种，2001年又发现和研究了350万年前的扁脸肯尼亚人化石。

米芙·利基和阿伦·沃克（纳里奥科托姆男孩骨架研究者）

# 珍妮·古道尔的惊人发现

　　1960 年，在路易斯·利基的资助下，英国的一名只有高中学历的女士珍妮·古道尔开始住进坦桑尼亚贡贝河边的密林中，随时观察黑猩猩的生活。她发现黑猩猩会摘掉草棍的枝杈，将草棍插进蚂蚁窝，待许多

黑猩猩钓蚂蚁

　　珍妮·古道尔是一位传奇式的人物，她1934年4月生于伦敦，高中毕业后，没有进大学，而是一心向往观察和记录动物生活的工作。1957年，古道尔去非洲探望家住肯尼亚的一个同学。3个月后有朋友告诉她："如果你对动物感兴趣，最好去见见路易斯·利基，他是个人类学家和古生物学家。"古道尔果然去见了路易斯。当时，恰巧秘书刚刚辞职，路易斯便聘请古道尔作秘书。在这段工作期间，古道尔学习了有关生物学和人类学的室内研究和野外调查发掘等方面的知识。路易斯告诉古道尔，他非常渴望了解黑猩猩的生活状况，因为黑猩猩是与人最接近的动物，了解它们的生活可以帮助人们推测远古时候人类的行为。古道尔表示，她很想去做这种工作。1958年，路易斯开始为她筹集经费，这段时间古道尔回到英国，一面在伦敦动物园打工，一面学习关于黑猩猩的知识。1960年，路易斯筹得了经费，古道尔返回非洲，住到坦桑尼亚贡贝河畔的密林中研究黑猩猩的行为。在取得了阶段成果后，她回到英国学习，1965年获剑桥大学博士学位。在研究黑猩猩的行为功成名就后，她开始致力于野生动物的保护工作。

古道尔和路易斯·利基

蚂蚁爬上草棍后，黑猩猩便抽出草棍，吃掉那些蚂蚁。这表明黑猩猩不仅能利用现成的天然物件，还会改造天然的物件为自己所用，也就是说黑猩猩会制造工具。因此，制造工具的能力并不是人类所独有的，不应该继续用能否制造工具作为划分人和猿的标志。古希腊哲学家柏拉图曾经主张，人是无毛的、两条腿行走的动物。有一天，他的学生提了一只拔了毛的鹅来看老师，问他这是人吗？后来有人开玩笑，称人为"柏拉图的鹅"。在废除了原来的人猿分界标志——能否制造工具后，古人类学者采用柏拉图标志的合理部分，增加一些新的内容，将是否以两足直立行走作为经常性的行动方式作为人猿分界的标志。

1924 年在南非的塔翁发现了一件似人似猿的幼年头骨化石，被命名为南方古猿非洲种，它的枕骨大孔 *在颅骨下方，指示其身体位于头的下方，已经以身体直立、双腿走路作为经常的行动方式。后来发现的骨盆和下肢骨的形态也证实了这个判断。但是没有发现伴存的石器，人类学家将它们归属于人科中的"前人亚科"，也就是说它们是人类之前的生物，还不是真正的人。人猿分界标志的改变使经常直立行走的南方古猿被纳入真正的人类，即"人亚科"的大家庭。

南方古猿非洲种头骨

---

\* 枕骨大孔指人脑颅下方的一个大孔，脑和脊髓在此相连。其他脊椎动物的身体在头的后方或后下方，因而枕骨大孔在脑颅的后方或后下方。

# 300 多万年前的老祖母——露西

1973 年，美国学者约翰逊和法国学者泰伊白领导的一支联合考察队，在埃塞俄比亚阿法盆地阿瓦什地区的地层中发现了新的南方古猿化石。1974 年，在一个冲沟里找到一具后来被戏称为"露西"的骨架，包括头骨破片、下颌骨、躯干骨、四肢骨等，整个加起来大约占全身骨骼的40％，这样早的人类骨架难得保存如此完整。骨架的主人生前是成年女性，身高0.92米，能经常直立行走。研究人员认为，这是南方古猿属里面的一个新物种，因为是在阿法盆地发现的，便称作阿法种。1975 年，又在这个地区发现了大约 200 件南方古猿的碎骨和牙齿化石，这些新发现至少代表 13 个男女老幼。考察队员们认为，他们可能属于一个家庭，因为年代如此久远，而且当时是已发现的最早的人类

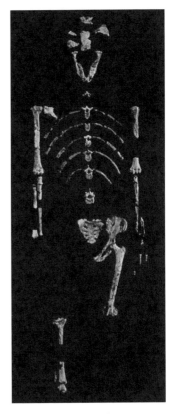

露西的骨架

化石，便称之为"第一家庭"。1976年，研究人员用钾氩法等测定年代的新技术，测定出这些化石的年代为距今330万～280万年前。这意味着，由于人猿分界标志理念的改变，人类历史的记录延长到300多万年前。

无独有偶。丈夫去世后，玛利·利基在距奥杜威峡谷不远的莱托里追踪古人类的遗迹。1976年，她发现在远古凝固的火山灰上有许多动物的脚印，包括大象、犀牛、长颈鹿、羚羊、剑齿虎等，还有一系列脚趾并拢类似现代人的脚印。从跨步的幅度推测，一个人的身高约为1.4米，另一个人身高约为1.2米，还有一组脚印无法估计身高。另外，她还发现了一些人的下颌骨和牙齿化石。经过钾氩法测定，年代是大约360万年前。大多数科学家认为，踩出脚印的人也属于南方古猿阿法种。

莱托里的脚印

# 发现最早期的人

　　1994 年，英国《自然》杂志登载了蒂姆·怀特等的论文，报道在埃塞俄比亚阿法盆地发现了大约 440 万年前的人类化石，当时取学名为南方古猿始祖种。1995 年，怀特等认为这批化石与南方古猿差别很大，不应放在同一属里，建议改立一个新属——地猿，种名不变。1998 年，又发现了一些属于另一个种的地猿化石，包括下颌骨、锁骨和牙齿等，年代为距今 580 万～ 520 万年前。

　　2000 年，一位法国学者与他的同事报道称，他们在肯尼亚新发现了一批 600 万年前的人类化石，当时称之为"千禧人"，后来在发表正式论文时给他取了个属名——原初人，因为化石是在土根山发现的，所以用"土根"作为他的种名。

　　2002 年报道，在非洲中部的乍得共和国发现了一个 700 万～ 600 万年前的头骨，命名为撒海尔人乍得种。

　　至此，已经发现的人类化石年代最早的达到了 700 万～ 600 万年前。人类的历史会不会还要更长，就要看将来的新发现和研究结果了。

# 人类进化的历程

　　20世纪前半叶，发现的人类化石比较少，比较各处化石在原始性和进步性方面的差异很容易，人类学家将人类进化历程划分为猿人、古人和新人3个阶段。60年代以后，由于南方古猿被纳入人类大家庭，又有南方古猿、直立人、智人的三分法和南方古猿、直立人、早期智人、晚期智人的四分法，1976年吴汝康等将这四个阶段相应地称为早期猿人、晚期猿人、早期智人和晚期智人。本书将人类化石区分为5大类群，相应地按照时间先后将人类进化历程粗略地划分为5个阶段。各阶段之间在时间上往往有或长或短的重叠，同一段时间在不同地区可以生存着不同的形态类型，不同时代的化石之间一般会呈现原始特征与进步特征镶嵌的状态。前3个阶段的化石只发现于非洲。前4个阶段的人在我国常被俗称作猿人。

　　古人类学中的属名、种名和由之衍生的名称，如直立人、海德堡人、罗得西亚人、尼人、前智人等都是根据形态异同的比较订出来的，例如欧洲中更新世标本曾经被分属于直立人和前智人，罗得西亚人近年与欧洲许多中更新世人一起被合并为海德堡人。这些改变都是由于对这些化石形态的评估有所变化。又如，对于尼人是不是一个独立于智人的物种曾经争论很久，2010年古DNA分析的突破导致大家都接受尼人属于智人。曾有的所有种属名的内涵及其间的关系大都经历过变化，预计不会是一成不变的。对诸多名称及其间的关系往往存在不同的看法，本书是科普读物不宜介入太多争议，只好运用时下通用的各个名称按笔者的观点进行陈述。

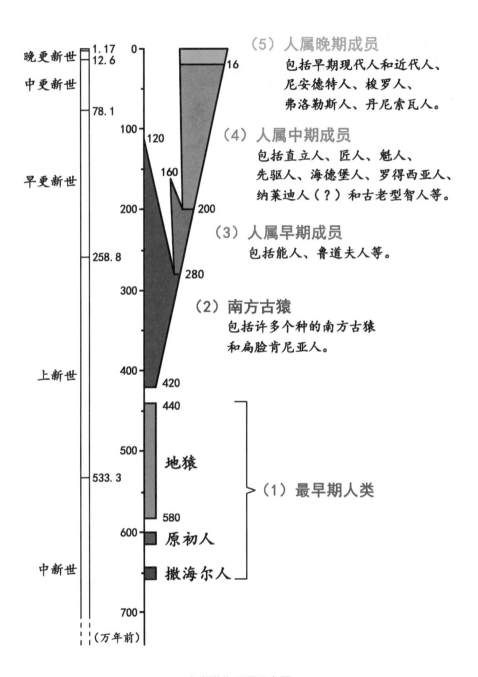

人类进化历程示意图

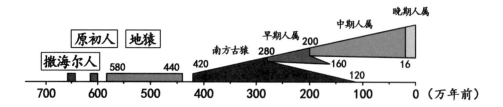

580  440  420  280  200  160  16  120

700   600   500   400   300   200   100   0（万年前）

# 最早期人类

　　迄今已知的最早人类是 2002 年报道的生存于 700 万～ 600 万年前的乍得撒海尔人和 2000 年报道的生存于 600 万年前的土根原初人。两者之后是地猿，包括生活在距今 580 万～ 520 万年前的地猿族祖种和生活在 440 万年前的地猿始祖种。

　　乍得撒海尔人的化石发现于乍得，包括变了形的头骨和牙齿。撒海尔人具有比大猩猩还大的粗厚眉脊，脑量只有 350 毫升。有学者认为其枕骨大孔可能位于脑颅的底部，意味着可以两足直立行走。撒海尔人的牙齿接近其后的人类。像猿的特征和像人的特征结合在一起，符合人们对最初人类与人和猿的共同祖先

撒海尔人头骨

形态的估计。同一地点还出土了许多其他动物的化石，包括与水环境有关的鱼类、鳄鱼和两栖动物，以及与森林和草原环境有关的牛、马、大象、灵长类和啮齿类等，这表明撒海尔人生活在接近湖泊的森林环境中。

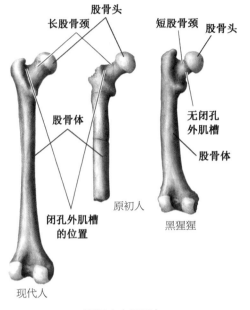

股骨头
长股骨颈
短股骨颈
股骨头
股骨体
无闭孔外肌槽
股骨体
原初人
黑猩猩
闭孔外肌槽的位置
现代人

原初人大腿骨与
现代人、黑猩猩比较

土根原初人的化石发现于肯尼亚，包括几段大腿骨，虽然没有膝关节，但是具有长的股骨颈，其形态与人相似而与猿不同，属于人类没有争议。在该地点发现的指骨像猿那样弯曲，提示土根原初人也在树上活动。犬齿（尖牙）的磨耗与撒海尔人一样表现在其尖端。伴存的动物化石指示周围是森林环境。

地猿发现于埃塞俄比亚阿法盆地阿瓦什地区中部，包括族祖种和始祖种。地猿族祖种生活于 580 万年前与 520 万年前之间，其犬齿也是在尖端被磨耗，类似后来的人。

地猿始祖种生活于 440 万年前，化石非常丰富，包括属于 35 个个体的 109 件化石。其中有迄今为止发现的最古老人类的部分骨架，估计属于一个身高 1.2 米、体重 50 千克的成年女性，脑量 300～350 毫升，面部像撒海尔人那样向前突出。牙齿的磨耗状况显

地猿面貌

示地猿始祖种为杂食者，食物类似后来的人类。前臂与上臂相比特别长。手的大小和形态指示地猿始祖种不是像现代猿那样，以手指关节着地的方式行走。手指很长，具有高超的抓握能力。骨盆完全呈现后来的人的状态，比四肢显得进步。其下部显示有用于攀爬的肌肉的证据。腿和脚适应于两足行走，也有特征显示地猿始祖种有相当长的时间是在树上度过的，例如脚趾很长，第一趾像猿那样从脚掌岔开，而不是像后来的人类那样与其他脚趾并列。这样的脚既有很原始的抓握能力，也能适应在地面行走和奔跑。

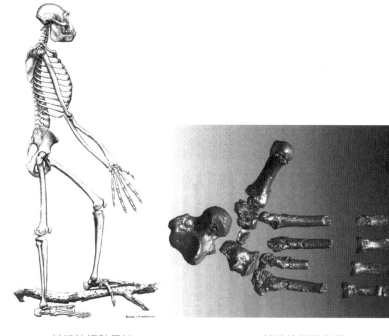

地猿始祖种骨架　　　　　　　　　地猿始祖种脚骨

　　然而，这些化石问世的时间都不长，材料还不多，最早期人类在进化史上的位置多多少少还有些争议，需要再过若干年才可望得到澄清。

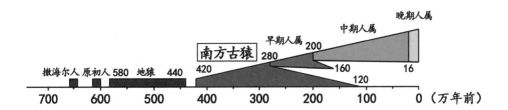

# 南方古猿

南非像我国有石灰岩的地区一样有许多洞穴和裂隙，其中的堆积物往往包含动物化石。约翰内斯堡金山大学的解剖学教授达特对研究人类起源感兴趣，他请采石工人将工作过程中见到的化石送给他研究。1924

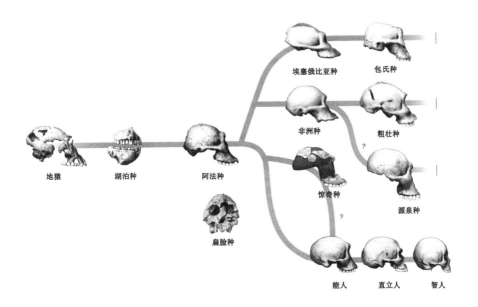

南方古猿的谱系和与人属的联系

年,达特收到塔翁地区采石工人送来的一个像猴子头骨的化石。经过研究,达特认为它属于一种似人似猿的生物,将它命名为"南方古猿"。1925年,英国《自然》杂志登载了达特的这篇研究报告。

自从第一件南方古猿化石问世以来,迄今为止在非洲已经发现了8种或9种南方古猿,生存时间从大约420万年前到大约120万年前。但是在非洲以外的地区还没有发现。

表1 南方古猿属下的9个物种

| 种名 | 生存时代 | 发现的国家 | 重要特征 |
|---|---|---|---|
| 湖泊种 | 420万~380万年前 | 肯尼亚,埃塞俄比亚 | 颧骨和下颌突出,脸有些扁平,齿列U型,犬齿大,耳孔原始 |
| 阿法种 | 390万~280万年前 | 埃塞俄比亚,肯尼亚,坦桑尼亚 | 犬齿较小,齿列呈抛物线形,指骨弯曲,脑量平均375毫升 |
| 扁脸种 | 350万年前 | 肯尼亚 | 脸扁 |
| 非洲种 | 300万~200万年前 | 南非 | 牙齿中等大小,腿短,臂长似猿,指骨不弯,脑量平均442毫升 |
| 埃塞俄比亚种 | 260万年前 | 埃塞俄比亚,肯尼亚 | 头骨和牙齿很大,有矢状脊*,脑量410毫升 |
| 惊奇种 | 250万年前 | 埃塞俄比亚 | 上下肢长比例更接近现代人,脚趾弯曲,脑量450毫升 |
| 包氏种 | 230万~120万年前 | 坦桑尼亚,肯尼亚 | 头骨和后牙齿大,有矢状脊,脑量510毫升 |
| 源泉种 | 200万年前 | 南非 | 臂长,拇指长,指骨不弯,骨盆像现代人,脑量420毫升 |
| 粗壮种 | 200万~150万年前 | 南非 | 头骨和后牙齿大,有矢状脊,脑量平均530毫升 |

* 矢状脊指头顶沿正中线的形似山脊的狭长条构造。

从表1可以看出南方古猿一些形态特征的变化趋势：犬齿由大变小，齿列由类似现代猿的 U 形变为抛物线形；手指骨由弯曲变直；脑量由小变大，不过变化速度很慢，变化幅度不大。

可以将这几种南方古猿大致分为两大类型：纤巧型和粗壮型。纤巧型包括阿法种、非洲种、惊奇种和源泉种；粗壮型包括埃塞俄比亚种、包氏种和粗壮种。扁脸种十分特殊，其脸面不但比所有其他南方古猿都扁得多，甚至比更晚的人还扁。综观人类进化历程，脸部是从向前突出朝着扁平的方向发展的。由于有这样的特殊性，扁脸种最初曾被命名为"肯尼亚人扁脸种"以区别于南方古猿。最近有学者主张废弃"肯尼亚人"这个属名，将扁脸种归并入南方古猿属。扁脸种与阿法种生存年代相近，可能标志着南方古猿在那时已经开始分裂出两个支系。除非洲种和粗壮种外，其他种南方古猿化石的出土都是最近半个世纪的事。可以预见将来很可能还会出土许多种新的南方古猿。从现有的标本已经可以看出，非洲大陆在相当长的时间段中同时生存过不止一种南方古猿。因此，至少从南方古猿开始，人类进化的模式已经呈灌木丛状，即一个物种分化出两种或更多种的后代，并存一段时间之后，除一个种继续繁衍外，其他全都归于消失。

南方古猿纤巧型　　　　南方古猿粗壮型　　　　南方古猿（肯尼亚人）
非洲种的头骨　　　　　粗壮种的头骨　　　　　扁脸种的头骨

南方古猿中的绝大多数物种被环境淘汰，终至灭绝，没有留下后代。可能只有纤巧型中的一种有幸战胜了自然界，其后代进化成现在的人类。

南方古猿阿法种头骨

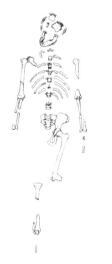
南方古猿阿法种"露西"骨架

360万年前的莱托里古环境

也可能现已发现的种类都只是我们祖先的远房堂兄弟或表兄弟。我们真正祖先的遗骸也许还埋在地下等待人们去发现呢。

在一般人看来，将南方古猿头骨配上肌肉和皮肤得到的形象，恐怕与其说像人，倒不如说像猿。粗壮型南方古猿的头顶上有类似于大猩猩的正中矢状脊，其咀嚼肌肉像大猩猩那样发达，面貌看起来更近似大猩猩。

南方古猿阿法种有个最著名的女性骨架——露西，身高0.92米，体重27千克。这种人男性身高1.5～1.7米，比女性身体高得多，也壮得多，体重估计可以达到女性的1.7～2倍。雄性大猩猩的体重大约是雌性的2倍，长臂猿两性的体重接近。前者实行一夫多妻制，后者实行一夫一妻制，因此有学者推测，南方古猿阿法种实行一夫多妻制。但是大猩猩犬齿特别发达，实行一夫一妻制的人类犬齿很小，而南方古猿阿法种的犬齿不大，因此又有学者推测南方古猿阿法种实行一夫一妻制。

南方古猿阿法种上肢与下肢差不多一样长，上下肢比例介于现代人和现代猿之间，相当接近人类的古猿近祖。手指长而弯曲，肩胛骨有些像大猩猩的。两腿的自由度比现代人大，稳定性较差。也许南方古猿阿法种白天在地面上用两条腿直立行走，晚上爬到树上休息。其他南方古猿的上下肢比例逐渐与现代人接近。南方古猿脑子的重量有的小些，只有300多克；有的大些，平均可以达到500克。根据在坦桑尼亚莱托里发现的、被认为属于约360万年前南方古猿阿法种的脚印推算，其身高大约为1.2～1.4米。早期的南方古猿身高可以不足1米，晚期的平均可以达到1.5米。

南方古猿能够用力折断树枝，用这样的树枝作为武器和工具，但是木头容易腐烂，现在已经找不到凭据了。大多数南方古猿还不会制造石器，只能利用自然界中现成的破碎石片和石块。南方古猿的生产能力很低，主要靠采摘果子、嫩树叶、嫩草和块根为食。如果偶尔碰到猛兽

南方古猿利用石块取骨头上的肉

没有吃干净的动物尸体，他们可能会用锋利的石片将剩在骨头上的肉取下来解馋，也许还会把一时吃不完的尸体用石头砸成几块，甚至能割开关节拆卸尸体，这样便能将搬不动的大动物尸体分块运回住地与同伴分享。遇到老、弱、病、残的中小型动物时，南方古猿也可能会使用手中简陋的工具，凭着他们仅有的一点儿智慧，将那些动物猎取到手。纤巧型南方古猿可能为杂食型；粗壮型南方古猿臼齿很大，头顶正中有矢状脊，表明颞肌 * 厚硕、咀嚼力强，提示其食物以植物为主。

研究人员通过分析牙齿化石中的碳同位素组成来了解南方古猿包氏种的饮食结构。结果表明，他们以草为生——牙齿表面的微小擦痕表明，他们并不像人们过去认为的那样以坚果为主要食物。

动物的牙齿在幼年时会摄入当地环境中的锶，因此牙齿的锶含量特征取决于所处地域的同位素锶的含量。对两个山洞中 200 万年前南方古猿牙齿锶含量的分析结果显示，大约 90% 的男性成员从小就生活在该地，而女性中有半数来自外地，可以推断是"出嫁"过来的。

长期越来越经常地使用天然石器的实践使肯尼亚的一群原始人从只会利用现成的天然工具到懂得自己亲手用石头制造工具。现已发现的最早的石器是在洛姆奎第三地点出土的，距今 330 万年。那时的人类会用一块石头打击另一块石头，使之产生锋利的尖端或刃口，比天然产生的更加好用。这种打制石器的技术归属于第一模式。这样的生活习性和本领提供了促进大脑发育的动力，使能人食物来源的范围扩大和有比较好的生存条件，而生产技术落后的南方古猿则走向灭绝。也许会制造石器标志着人属的出现。

---

* 这块肌肉上端附着于脑颅侧壁，下端附着于下颌骨喙突，张口时颞肌放松。颞肌收缩将下颌骨向上提，使上下颌咬紧。进行咀嚼时，将你的手指按在眼睛和耳朵上缘间中点稍上处，便能感觉到颞肌在收缩和放松。

## 远古人制造石器的技术

第一模式指在旧石器时代初期，用石头简单敲打进行工具加工的技术。

第二模式指旧石器时代初期，在加工过程中会比较细致地修整，使石器成为一种特殊形状的手斧的加工技术。

第三模式指在旧石器时代中期制造莫斯特型石器的技术，制造的石器比第二模式更精致。

第四模式指旧石器时代晚期出现的制造更精美石器的技术。

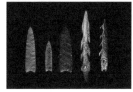

第五模式指旧石器时代晚期制造细石器的技术，以复合工具为特色。

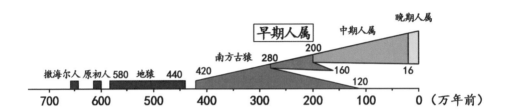

撒海尔人　原初人 580　地猿　440
南方古猿　280
早期人属　420
中期人属　200
晚期人属
160
120
16
700　600　500　400　300　200　100　0（万年前）

# 人属早期成员

现代人之所以被称为万物之灵，主要在于有大的脑子和能更智慧地利用自然界为自己服务。在人类历史的前三分之二段，脑量虽然有逐渐增大的趋势，但是速度很慢、幅度很小。南方古猿阿法种和非洲种的平均体重估计都在 30 千克上下，平均脑量分别为 375 毫升和 442 毫升。生活于约 200 万年前的能人在身体大小方面没有重要改变，身高只有 1.1 米左右，但是平均脑量已经达到 636 毫升。从南方古猿到能人的飞跃发生在 300 万～ 250 万年前之间。能人消失于大约 180 万年前，也有学者认为是 160 万年前。能人生存的地质时代为上新世末期和更新世初期。

能人

能人化石分布于坦桑尼亚、肯尼亚、埃塞俄比亚、马拉维和南非，与南方古猿的分布区域基本相同，而且有相当长的时间与南方古猿共存

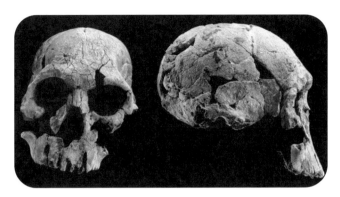
鲁道夫人

于世。有学者将在肯尼亚特卡纳湖以东发现的 1470 号头骨归属于鲁道夫人，实际上它与其他能人标本整体形态相同，它们与同时生存的南方古猿有相同的差别——脑子较大、脸面和牙齿较小。一般认为，能人代表人类祖先开始向现代人迈进的第一步，所以被归为和我们相同的属（即人属）里。

尽管已经发现了不少能人头骨和牙齿化石，但是直到 20 世纪 80 年代人们才在奥杜威峡谷发现其身体骨骼，表明能人的身高只有 1.1 米，腿与上肢的比例和后来的人相比较小，因此和南方古猿一样步幅不大，在行动方式上没有多大变化。手骨显示能够实现精确的抓握，由此推测在手边没有适合使用的天然工具时，能人已经会利用合适的原料自己加工、制造石器。

研究人员通过分析牙齿化石的碳同位素组成来了解其饮食结构。研究结果表明，即使在日趋单一化的环境中，人属成员依然会寻求多样化的食物，他们有灵活易于改变的饮食结构。

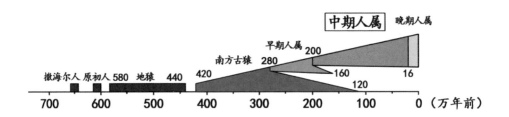

中期人属　晚期人属

早期人属 200

南方古猿 280

撒海尔人 原初人 580 地猿 440 420 160 16

120

700　600　500　400　300　200　100　0（万年前）

# 人属中期成员

在能人消失之前出现了直立人，其生存的时代从更新世早期延续到中期。

## （1）非洲

### ① 非洲的直立人

过去认为直立人可能最初出现于西南亚的德马尼西，但是 2020 年报道的南非德里莫伦洞穴出土的一个编号为 DNH134 号的 2～3 岁幼儿头盖骨现在被认为是直立人的最早标本。由电子自旋共振、古地磁、动物群对比等方法推定为 204 万～195 万年前。

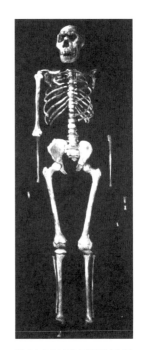

纳里奥科托姆男孩骨架

发现于肯尼亚纳里奥科托姆的直立人骨架属于一个男孩，这个男孩生活在大约 160 万年前。早先，研究人员根据他牙齿萌出的情况——第二臼齿刚刚开始出露，比照现代人牙齿萌出的时间，估计他死时大约 11 岁。但是 20 世纪 80 年代后期，研究人员发现，像他那样早的人类，牙齿萌出时间应该介于猿和现代人之间，就是说要比现代人早些。据此估计，这个男孩死时只有 9 岁。那时他的身高已经有 1.6 米，如果他能长大成人，身高将可达到 1.8 米以上。他的上下肢比例和步态接近现代人，已经完全脱离树栖生活。这个男孩的脑量为大约 900 毫升。

有的学者认为，这些化石与亚洲典型的直立人化石区别显著，建议另取一个学名——匠人。

在特卡纳湖以东的伊莱雷特也发现了一些属于匠人的化石，其形态不如纳里奥科托姆男孩粗壮，可能属于女性。在这个地区还发现了许多脚印，脚印显示具有与现代人一样的足弓。

在坦桑尼亚的奥杜威峡谷也发现过直立人化石头骨，在南非、阿尔及利亚和摩洛哥发现过直立人下颌骨和其他化石，这些化石的形态比匠人更接近亚洲的典型直立人。

这一阶段非洲人制造石器的技术比以前有了进步，在大约 170 万年前发展出第二模式，其典型石器是阿舍利手斧（因最初发现于法国北部亚眠市郊的圣阿舍尔而得名）。这种石器比较薄，一般两边对称，边缘修理得相当齐整。

阿舍利手斧

② 非洲的古老型或早期智人

古老型智人又被称为早期智人，埃塞俄比亚博多出土的 60 万年前的头骨可算是全球最早的早期智人标本，其眉脊特别粗大。赞比亚布罗肯山铅矿出土的一个很完整的头骨是最完整的非洲早期智人标本，眉脊粗大，面骨和头骨后部的肌肉附着区比非洲直立人小。脑量 1,300 毫升。这里出土的人类化石曾经被命名为罗得西亚人。此外还有坦桑尼亚的恩杜图

布罗肯山头骨

头骨和恩加罗巴头骨、南非的萨尔达尼亚头骨、北非的捷拜尔依尔和头骨等。关于这些头骨的分类位置，学者们意见纷纭，有人建议归于直立人，有人建议归于海德堡人或罗得西亚人，还有人建议将捷拜尔依尔和头骨归于尼人。

2013 年在南非一个名为"升起的星"的山洞里发现属于至少 15 人的 1,550 多件化石，似乎是有意埋葬的。2015 年命名为纳莱迪人（意译为"星人"），估计成年身高 1.5 米，体重 45 千克，脑量 500 毫升，头骨和肩像南方古猿，脚像人属。根据形态推测年代可能为 250 万～150 万年前，而后 2017 年根据光释光对洞穴成分的分析与对牙齿化石放射性衰变的测定将其年代推后为距今 23.6 万～33.5 万年。

### （2）亚洲

#### ① 格鲁吉亚的直立人

1991 年在格鲁吉亚的德马尼西发现了一件类似直立人的下颌骨，1999 年到 2004 年又相继发现了不少完整程度不等的人类头骨、下颌骨和头后骨骼。这些化石兼有直立人、能人以及其自身独有的特征。脑量只有 650 毫升。有的学者为格鲁吉亚的这些人起了一个新的学名——乔治亚人，有的学者认为应该代表直立人的一个亚种。

乔治亚人的一个头骨

用古地磁法测得这些人类化石和共存石器的年代为比 177 万年前稍晚。如果他们果真属于直立人，就意味着在此之前，人类已经走出非洲，在亚洲变成直立人，不久以后又有一批直立人返回非洲。

## ② 中国的直立人

### 元谋的直立人或猿人

中国最早的直立人化石是云南元谋大那乌村附近出土的两颗门牙，国内将门牙的主人俗称为元谋猿人。其门牙靠近舌头的一面两边

元谋猿人门牙，右侧两牙为舌面观。

呈棱脊状、中央凹陷，像一把煤球铲子。和北京猿人的门牙形态基本上一样，稍微不同的是北京猿人有多条短的指状突，而元谋猿人只有一条延伸到切缘。人类学将这样形状的门牙称为铲形门齿。根据与其伴生的哺乳动物群与其他地点已知年代的动物群进行比较的结果，这些人的生活年代应该属于更新世初期。研究人员用古地磁法测定了化石所在地层的年代，测定结果为大约距今 170 万年。

从化石所在的地层还收集到许多零散分布的细小炭屑，散布面积相当广，也相当深，有人曾猜想是古人用火的遗迹，实际上更可能是古时地面上的草后来埋在地层里炭化的结果。

### 蓝田的直立人或猿人

发现于我国的第二早的人类化石或者最早的人类头骨，是陕西蓝田县公王岭的一个女性猿人头盖骨和面颅的几块破片。按照解剖学原理将

蓝田猿人复原头骨

这些化石拼接成的复原头骨颅顶低矮，面部向前突出。吴汝康估计她的脑量约为 780 毫升。由伴生的哺乳动物群判断，她生活在早更新世。1989 年用古地磁法测定其所在地层，推测她生活在大约距今 115 万年前。2014 年发表的古地磁测年结果是大约 163 万年前。

除了与猿人化石一起发现的动物化石之

外，还有一些木炭，也有人把它看作古人用火的遗迹，其实更可能是附近天然火烧出的炭块被水流冲到这里的。

有人写文章说，在元谋、蓝田和其他可能埋藏着早期人类工具的地点都发现了零星的炭屑或烧过的骨头，虽然在每一处都没有找到人类用火的过硬证据，但是早期人类呆过的这些地方都有炭屑或烧骨不像是偶然现象，应该被看作是人工用火遗留下来的。人工用火是否出现于这样早的时期是很重要的科学问题，如此简单地得出结论很不严肃，迄今发现的所有这些炭屑或烧骨更可能是自然界的火所产生的。

### 郧县直立人或猿人

我国还有两个相当完整、但是在地层里被压挤得严重变形的人类头骨化石，它们出土于湖北郧县（现为郧阳区）的曲远河口。这两个头骨的形态有点儿特别：有些特征，比如头顶低矮、脑颅紧挨眼眶后方处很缩狭、牙齿齿冠颇大等，与北京猿人接近；另外一些特征，如矢状脊很弱、脑量可能较大、I 号头骨犬齿的齿根不粗壮、乳突[*]较大等，又像是早期智人。这是直立人与早期智人形态镶嵌的标本。从伴生动物群看，其年代可能和蓝田公王岭的头骨接近。古地磁法测定地层年代为 87 万～ 83 万年前，电子自旋共振法测定为 56.5 万年前。因此要搞清这两个头骨比较切当的年代和进化位置，还值得做很多研究或发现更多标本。

### 北京的直立人或猿人

直立人中材料最丰富的要数在北京周口店发现的北京猿人。从龙骨山石灰岩溶洞里挖出了 100 多件猿人化石，根据魏敦瑞的研究，一共代表大约 40 个猿人，其中最引人注目的是 6 个头盖骨。从这些头盖骨推算，

---

[*] 乳突指脑颅下部外耳门后方的比较大的突起。直立人乳突小，现代人乳突大（参见第 72 页右中和右下图）；男人乳突大，女人乳突小。

魏敦瑞

（1873～1948）

　　魏敦瑞是知名解剖学家、古人类学家，1873年生于德国，1899年在斯特拉斯堡大学获医学博士学位，此后一直从事解剖学教学和科研。希特勒上台后，他因为是犹太裔而受到迫害。幸而1934年他受美国芝加哥大学的聘请去讲学，得以逃过大难。1935年受聘为北京协和医学院解剖学教授，并接替病故的加拿大学者步达生任地质调查所新生代研究室名誉主任，负责研究北京猿人化石。1941年去美国，在纽约美国自然历史博物馆继续研究直到1948逝世。

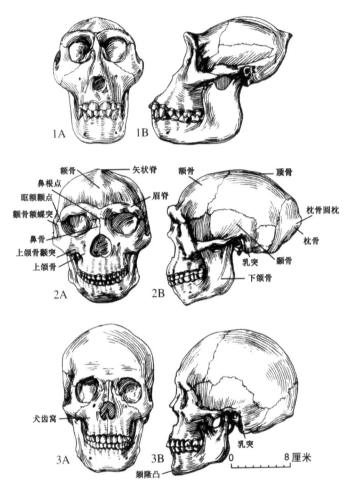

大猩猩、北京猿人、现代人头骨的比较

1. 大猩猩　2. 北京猿人　3. 现代人
（A. 从前面看；B. 从左侧面看）

成年北京猿人脑子的平均重量为 1,088 克。脑子不但小，形状也与现代人有所不同，装脑子的头骨部分（脑颅）与现代人的明显不同。北京猿人的脑颅像一个上小下大的扁圆形馒头，最宽处在下面，位置接近外耳门，前额扁塌，向后倾斜，整个脑颅的高度比现代人脑颅低得多。现代人脑颅最宽的地方接近中部，像是有人往扁圆馒头形的气球里多吹了些气，使它变成比较接近球形。从顶面观察，北京猿人脑颅连接面颅的部分特别缩狭，而现代人此处比较宽。北京猿人脑颅骨壁比现代人大约厚1倍，前面在眼眶上方有很粗厚的眉脊，后面有一条横的枕骨圆枕，头顶正中还有一条由前向后延伸的矢状脊。这3条骨脊使已经比较厚的脑颅更加坚固。有的人猜测，也许因为北京猿人在生活中碰破或者被打破头骨的机会比较多，头骨厚的人有更多的生存机会。北京猿人颞骨鳞部比现代人的低，上缘呈直线形，乳突小，有角圆枕 *，6 个头盖骨中4 个有印加骨 **。北京猿人嘴巴周围、鼻子以下的部分比现代人向前突出，但是下巴下部却向后退缩，没有颏隆凸 ***。北京猿人的牙齿比较大，牙根很粗，臼齿齿冠咬合面花纹复杂，髓腔特别大。总之，虽然北京猿人的出现时间与古猿相距几百万年之久，但北京猿人的头骨还保留着不少类似猿的特征，因此许多国人愿意沿用他原来的学名，将他和同类称为猿人。

北京猿人第 XII 号头骨后面观

* 角圆枕指顶骨后下角突出于表面的小鼓包，参见第 113 页左上图。
** 印加骨指顶骨和枕骨之间的三角形小骨，又名顶枕间骨。
*** 颏隆凸指现代人下颌骨前中央部表面的三角形隆起，参见第 72 页右下图。

北京猿人复原像

人类学家根据解剖学原理，先将猿人脑颅和面颅破片拼接起来，成为一个完整的头骨，再按照肌肉和皮肤的厚度将橡皮泥加到头骨表面，做出猿人的面貌。眼睛的位置，可以根据眼眶边上的骨骼标志来确定；鼻子的长度和宽度，可以根据头骨的鼻腔前口来推算；至于耳朵、嘴唇和头发，就只能凭想象了。如此做成的北京猿人复原像看起来和现代人差不多，但还是有点儿像猿。

北京猿人的四肢骨与现代人差异很小，主要差别只是骨壁较厚、骨髓腔较狭。

打一个形象点儿的比喻，总的说来北京猿人的体态像是在现代人的身体上长着一个还有点儿像猿的头。如果让北京猿人穿上衣服，戴着帽子、大墨镜和口罩，在北京王府井大街走来走去，行人不会认出他来；如果让他脱下帽子显出低矮的头顶，行人会开始猜疑他与一般人有所不同；如果让他摘掉墨镜露出眼睛上面突出的眉脊，摘下口罩显出鼻下突出的嘴巴和没有下巴颏，人们才会大吃一惊，怎么猿人复活了？

北京猿人头部和身体四肢的这种奇妙结合，使人类学家吴汝康提出了人类体质 * 发展不平衡的理论。他认为，由于劳动的作用，人的四肢较早地由猿的状态发展到人的状态。在进化过程中，人的四肢特别是上肢的活动会促进头脑的发展，反过来，头脑的发展也必然使手能进行越来越精细、灵活和熟练的操作。大脑活动和手的操作技能的提高，标志着

---

\* 体质指人的身体素质，是由先天遗传和后天发育所决定的、较稳定的身心特征。

劳动技能的发展。对化石的研究结果表明，人类头脑的发展是落后于四肢的。

人的长骨，特别是大腿骨的长度与身长成一定的比例关系，科学家研究出了一系列公式从不同长骨的长度推算人的身长。现在已经发现了7段残缺的北京猿人大腿骨，其中只有一根女性的大腿骨比较完全，根据它的长度推算出女性北京猿人的身长大约为1.56米。男性北京猿人的头骨比女性的只稍微大一点点儿，比例与现代人差不多，所以男性与女性身高的比例可能与现代人差不多。

除上述特征外，北京猿人头骨还有一些与现代黄种人相似而与其他人种差别较大的特征：例如，脸面比较扁，颧骨突出，上门牙也属于铲形门齿等。

新中国成立后出土的北京猿人化石，从左到右依次是1949年和1952年之间在实验室中辨认出的肱骨和胫骨断块、那两年出土的5颗牙齿、1966年出土的1颗牙齿、额骨和枕骨以及与之邻接的骨片

在北京猿人洞里还发现了几万件石器和制造石器时产生的碎石。考古学家根据这些石器的形状和进行的模拟实验推测各种石器可能的用途，将它们分类为刮削器、砍砸器、石锤、石砧、尖状器等。还有少量器形不大的石器，看来似乎是用来雕刻的，考古学家称之为雕刻器。

实际上有其他用途还是没有，目前不得而知。在北京猿人的石器中，刮削器最多。石器有盘状的和其他形状的，刃缘有直的、凸的、凹的和多边形的。

石锤和石砧

砍砸器

尖状器与雕刻器

刮削器

北京猿人制作的各种石器

　　考古学家用一块石头从不同的方向、以各种方法敲打另一块石头做实验，希望能模仿猿人制作石器的过程，以便研究各种形状的石器是怎样做出来的。研究结果表明，北京猿人主要用3种方法打制石器：锤击法、碰砧法和砸击法。用砸击法生产的石制品在北京猿人洞出土的石制品中占很大的比重，构成北京猿人文化的重要特色之一。

## 北京猿人制造石器的方法

锤击法：右手拿着长形的石头用力敲打左手握的石头，直到将左手的石头打成所需的形状。

碰砧法：双手举着扁形的石块，猛烈地碰撞地上的一块较大的石头（石砧），使手中的石头不断有碎石片脱落，直到将手中的石头变成所需的样子。

砸击法：在硬的地面或大石头上放一块中等大小的石头作石砧，左手拿一个小石片立在石砧上，右手握一中等大小的石块作石锤，从上向下用力砸向左手所扶小石片的顶端，直到把小石片变成所需的形状。

北京猿人采集图

　　北京猿人只有如此简陋的工具，不可能达到很高的生产力。他们主要靠采集植物的果实、嫩叶为生，可能也会用带尖的石器挖掘埋在地里的块根。采集主要是妇女和孩子的任务。男人体力较强，可以到离住处较远的地方活动，运气好时，也许能拣到猛兽吃剩的动物尸体或猎得老、弱、病、残的小动物。北京猿人洞内出土过几千块各种鹿的骨头，鹿不是穴居动物，它们的骨头为什么会在猿人洞里呢？有人说，洞内有鬣狗粪化石，所以这里是鬣狗洞，许多骨头上有猛兽咬过的痕迹，所以是穴居的鬣狗等猛兽带进去的，进而怀疑此洞不是猿人之家。这是只依靠片面的证据而不综合考量全面证据推理出的结果。洞中有那么多石器和火烧过的石头、骨头和灰烬，不可能是猛兽造成或带进去的。所以至少不应该否认，从有石器和用火遗迹的地层中挖出的那一部分动物骨骼是猿人带进去的，这些动物骨骼可能是猛兽没有吃干净的剩余物资，骨头上

北京猿人用火图

还带些肉，被猿人连骨带肉拿回洞里慢慢消费，或与他人分享。其中也可能有一些是猎取的。洞中有60多种鸟的化石，还有鸵鸟蛋壳，很可能也是猿人带进去的。猛兽似乎很难捉到飞鸟，更难将鸟蛋带进山洞。看来北京猿人的伙食花样还挺多呢。

厚厚的灰烬层发现于北京猿人洞内的多处地点，其中含有烧过的动物骨骼和烧过的石头。烧过的骨头往往变成黑色、灰色或蓝色，烧过的石头有时出现很多裂缝。灰烬里往往有许多黑色的炭屑，个别地方还有紫荆树枝烧成的炭块。这些都证明北京猿人已经会用火。但是他们还不会生火，只知道将自然界中的火引回来利用。他们知道添加木柴或其他燃料能使火长期保持不灭。居住的山洞内有了火，便能围火取暖和烤肉。烤熟的肉更好吃、更容易消化、更富于营养，也能使猿人免受细菌感染，对改进他们的体质很有好处。火还能驱除山洞内的潮气，使猿人免受风湿病的折磨。野兽都怕火，洞口燃着一堆火，猛兽便避而远之。

1985年，有一位美国考古学家及其学生对北京猿人在洞内用火的事提出质疑，他们虽然承认看到的烧骨中有的确实被火烧过，但认为洞内堆积物中的灰烬不是人工用火的结果，而是洞内容易燃烧的物质自燃产生的，因为灰烬层有猫头鹰或其他猛禽的粪便和许多鼠类化石，粪便含磷，容易自燃。后来他到周口店进行实地考察，并在次年发表论文，虽然对以往人们提出的有些用火证据仍持怀疑态度，但至少承认晚期的北京猿人会用火。1998年，美国《科学》杂志发表以色列、美国等国学者的论文，又对北京猿人在洞内用火的证据提出反对意见。虽然他们在洞中灰烬层采集到了烧骨，其中大动物和小动物的烧骨的比例大约是12∶2.5，与一般古人洞穴中烧骨的比例相同，但他们辩称灰烬层是水流形成的，在其中没有找到植物燃烧后产生的植硅体，因此认为，洞中的烧骨不是产生于洞内，而是在洞外产生后被低能量的水流带进洞的。1999年，笔者在该杂志发表论文，列举证据证明烧骨是猿人在洞内生成的，比如低能量的水流必定会将烧骨分选，带进洞的应该大多是小动物的，所以小动物烧骨的占比会上升，大动物烧骨的占比会下降，两者的比例应该不再是12∶2.5。笔者还指出，我国科学家用裂变径迹法*测定出的年代数据与其他测年方法所得的年代数据很协调，表明前人从洞内采集的那些测年样品必定是被烧过的。2014年，我国科学家又发表论文称，所采的几个样品中都有植物燃烧后产生的植硅体。另外有学者研究了灰烬层的磁化率，结果也显示出被烧过的迹象。综上所述，否定北京猿人用火的论文错误主要在于：用从洞中一隅采集的样品否定前人在洞中多处发现和论证过的用火证据。搞科研不可只看重自己得到的个别证据，无视其与他人提供的甚至自己所得的信息存在矛盾而一厢情愿地下结论。从目前的研究情况来看，北京猿人仍旧是具有最扎实证据支持的最早会用火的人。

北京猿人洞内还出土了96种哺乳动物、62种鸟类以及蛇、青蛙等动物的化石。这些动物中一部分是穴居动物，如蝙蝠、老鼠等，它们可能是猿人的"邻居"；一部分可能是北京猿人的食物，是被他们带进洞的，如鹿、牛、马、兔等；还有一部分可能是猿人的死敌，如剑齿虎和

---

\* 特定矿物（如猿人洞内的榍石）受周围物质裂变的影响会产生一定的径迹，高温（例如500℃以上）使径迹衰退或消失，回复常温后继续产生和积累径迹，在显微镜下统计单位视野面积中的径迹数，可以推算从回复常温之时到现在所经历的年代。

中国鬣狗

鬣狗骨架

鬣狗。鬣狗也是穴居动物，可能占据这个山洞的时间与猿人不同。至于猿人洞中的堆积物，可以按照岩性的不同分成 17 层。上面 13 层的总厚度达到 40 米，都有动物化石。在这 13 层的中下部，往往有成层的鬣狗粪化石，说明那时可能是鬣狗占据着这个山洞，猿人只得易地而居。在这段时间形成的地层中，还发现过 6 颗猿人牙齿和鹿类的化石，可能猿人是被鬣狗伤害后带进洞的食物。过去人们常说，周口店猿人洞是猿人之家，后来又有人说不对，是鬣狗洞。其实两种说法都不错，但都不全面：是猿人之家还是鬣狗洞要看在什么时段，至少在大部分时段不该是鬣狗洞。

在北京猿人洞里发现过水牛、河狸等经常在水边生活的动物的化石，这使我们很自然地想到，猿人洞附近可能有河湖等水面。洞里还发现过骆驼化石，意味着不远处或许还有沙漠。洞内的动物化石大多归属于习惯在森林中活动的种类，说明当时那一带的环境比现在美好，到处郁郁葱葱。

从洞内采集的植物化石中也可以看出，当时周口店一带的植被确实可以说树木葱茏、野草茂盛，植物种类和周口店目前的情况差不多。在北京猿人洞的灰烬层里常有烧过的朴树子。也许当时朴树特别多，是猿

剑齿虎

在北京猿人洞内发现过剑齿虎化石，剑齿虎有一对上牙特别长，像一把短剑，这种老虎几百万年前就有，延续到50万年前灭绝。

人烧柴的主要树种；也许猿人爱吃它的果子，连果子带树枝运回洞里，吃完果子，把树枝当柴烧。

20世纪70年代以前，根据对北京猿人洞中动物化石的研究，科学家们判断周口店猿人的生存年代属于中更新世，一般认为在大约距今50万年前。此后，科学家们用铀系法*、裂变径迹法、热释光法**、电子自旋共振法、古地磁法等新技术，从多方面对北京猿人洞各层堆积物的年代进行测定。结果发现，猿人开始住进这个洞是在50多万年前，最后离开是在20多万年前。2009年，有学者从猿人洞第7～10层采样，利用铝/铍法测定年代，得出77万多年前的数据。过去多种方法测出的年代数据之间互相协调，而这个新的年代数据与古地磁法等多种其他技术测出的结果都不能协调，与洞内的动物群和洞内堆积物堆积的状况也相互矛盾，况且铝/铍法和论文本身也存在诸多问题——如测出10个年代数据中有4个因为太不合理被作者弃用，其余6个也有问题；认为4层堆积年代相同等。因此，该文得出的77万多年前的年代数据是不可取的。

---

* 测定骨或牙齿化石或碳酸盐样品中 $^{230}Th/^{238}U$ 和 $^{231}Pa/^{235}U$ 的比值推算出化石埋藏或样品形成的年代。
** 石英、长石等透明矿物在温度超过100℃后会发出微弱的光，这种光就是热释光，可以用于推算这些矿物经过高温后所经历的时间。

### 南京汤山的直立人或猿人

南京城以东 26 公里汤山镇西南有一座石灰岩小山，山上有个溶洞，接近出口是一个大厅，叫大洞，深处有个小洞。全洞有点儿像葫芦，故被称为葫芦洞。从小洞出土过 3 件人类头骨化石，可以通过拼接复原成一个不带颅底的颅骨，被编为 1 号；从大洞出土过一个头盖骨，前部和右半部有缺损，被编为 2 号。1 号头骨的形态比 2 号的原始。1 号头骨前额有病变，较可能是患骨膜炎造成的。鼻梁比所有中国化石人和现代人都高得多，与

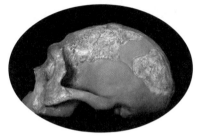

汤山 1 号头骨侧面观

欧洲同时代人及更晚的人接近，可能反映了从西方来的基因流的影响。也有人认为是气候寒冷所致，但是北极地区的因纽特人鼻梁并不高，非洲热带人类化石鼻梁却比较高耸，就难以与这样的解释协调了。大洞 2 号头盖骨的额骨有矢状隆起，其宽度比中国同时代人中常见的矢状脊的宽度大，而隆起的高度却大不如矢状脊，因此不如矢状脊显著。2 号头盖骨上这种与矢状脊不同的矢状隆起却与欧洲和非洲同时代人的同名结构相似，可能也反映了基因流的影响。大洞和小洞都有哺乳动物化石。哺乳动物化石提示小洞动物群生活在 50 万～ 33 万年前，大洞动物群则为大约 18 万～ 13 万年前。用放射性同位素铀系测定小洞的盖板，年代大约为 58 万年前。

### 和县的直立人或猿人

安徽和县龙潭洞也出土过一件猿人头盖骨。此洞在汤山以西，两地

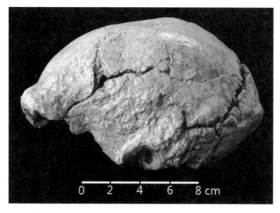

和县头骨

之间有长江，相距不足 100 公里。测量埋藏这个头盖骨的地层，得到 15 万年前和 41 万年前之间的几个年代数据。头骨厚，眉脊粗大，牙齿形态原始，像直立人；头骨短宽，眼眶后方不大缩狭，颞骨鳞部较高，像智人。这是较原始的和较进步的特征镶嵌在一件化石上的例证。许多形态特征表明，和县猿人对中国现代人的形成做出的贡献可能要大于北京猿人。

我国直立人化石还有：蓝田陈家窝的下颌骨；山东沂源的头骨片；河南栾川的下颌骨；河南南召和淅川，湖北建始、郧西白龙洞和郧县梅铺，辽宁庙后山，陕西洛南的牙齿；云南元谋郭家包的小腿骨等。安徽东至华龙洞化石也可能与直立人关系密切。

在北京周口店、元谋大那乌、蓝田公王岭、郧县曲远河口、郧西白龙洞等处都出土过石器，我国还有其他一些与直立人同时代的地点也出土过石器。这个时期我国的石器制造技术主体上属于第一模式。在广西百色盆地发现过许多手斧，大约是在 80 万年前制造的。有学者认为这些手斧属于石器制造技术的第二模式，或称阿舍利类型，也有学者认为只是与阿舍利手斧相似。近些年又报道在汉江中上游等地也发现了大量的手斧。这些都说明，在直立人时期，中国个别地区也存在第二模式或与之类似的技术。

③中国的古老型或早期智人

中国的古老型智人比较完整的头骨出土于陕西大荔县和辽宁营口市金牛山。大荔头骨距今20万至30多万年，脑颅骨壁与北京猿人的一样厚，额骨有正中矢状脊，但是比北京猿人的短得多。枕部有枕骨圆枕，中部粗，向两端逐渐变细。脑颅最宽处的位置介于猿人和现代人之间，面部比猿人的向后退缩。粗大眉脊的最厚处接近中央，眼眶与鼻腔前口之间骨面隆起，这两项特征都与欧洲和非洲的早期智人相似，而在中国的化石上是看不到的。大荔头骨还有不少特征落在早期现代人的变异范围之内，它所代表的

大荔头骨化石正面图

大荔头骨化石侧面图

可能是所有中更新世人中对中国现代人的形成贡献最多的人群。

金牛山不但有完整的头骨还有脊椎骨、肋骨、前臂的尺骨、腕骨、手骨、髋骨、膝盖骨和脚骨，年代也是30万～20万年前。整体形态与大荔头骨接近，但是眉脊和骨壁都比大荔头骨薄，眶后缩狭的程度比大荔头骨深，门齿呈铲形。髋骨显示属于一个身材高挑的女性。

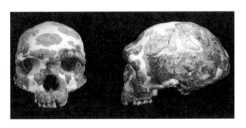

金牛山头骨化石正面图和侧面图

在山西东北部的许家窑村与河北侯家窑村之间的一个旧石器遗址也发现过早期智人化石，其年代为距今 10.4 万～ 12.5 万年。他们的脑颅骨壁与北京猿人差不多厚，两个相当完整的顶骨后上角的形态提示可能存在印加骨（参见第 73 页图），其颞骨中的内耳半规管*与公王岭、和县和柳江的化石不同，却与尼人相同，可能意味着其间有基因交流。

马坝早期智人复原像

广东曲江马坝镇附近狮子岩还出土过一个头盖骨，年代为 13.5 万～ 12.9 万年前。其额骨下部有弱的矢状脊，眼眶外侧骨柱的前外侧面比较朝向前方，与其他中国化石一致。眼眶呈圆形，眼眶外侧下缘锐利，与中国所有其他化石不同，却与欧洲尼人一致；其眶后缩狭程度比智人严重，却与直立人一致。

我国比较重要的早期智人化石还有安徽巢县的上颌骨和枕骨破片，湖北长阳的上颌骨破片和牙齿以及贵州桐梓岩灰洞、盘县（现为盘州市）大洞和周口店第 4 地点的牙齿等。中国早期智人的牙齿一般与猿人的尺寸差不多。山西丁村出土的牙齿较小，形态接近现代人，年代可能在中更新世晚期或晚更新世初期，从化石的形态和尺寸来看，也可能属于早期现代人。

我国早期智人的石器制造技术主体上还是第一模式，在欧洲则是第二模式。许家窑和丁村的遗址都出土过许多石球。

④ 印度尼西亚的魁人和直立人

印度尼西亚的爪哇岛也有大量直立人化石出土，有中更新世的，也有早更新世的。本书 22 ～ 25 页介绍的爪哇直立猿人是其中最著名的代表。

---

\* 在颞骨岩部中的内耳包括耳蜗、三个半规管和位于其间的前庭。顾名思义半规管是大半个圆形的管道，三个半规管互相垂直。尼人的前半规管较小，外侧半规管较大，后半规管相对于外侧半规管位置靠下。许家窑的半规管布局与此一致。

早期智人用石球狩猎图

在早更新世的直立人化石中，最早的可能达到 180 万年前，但是这个年代存在争议。还有一些标本特别粗大，有人称之为魁人。

此外，印度有出土于讷尔默达的古老型智人头骨，西亚巴勒斯坦和以色列地区有组提叶出土的古老型智人的额骨和上面部骨骼。组提叶头骨兼有古老型智人和尼人的特征。

### （3）欧洲

#### ① 先驱人

属于 6 个个体的人类化石、大量石器和动物化石在西班牙北部阿塔普埃尔卡山的格兰多利纳山洞的入口处被发现，其年代约为 86 万年前。有许多切割的痕迹出现在人骨和动物骨骼上的大肌肉附着处，有些骨骼被打断，可能是敲骨吸髓的结果，这也许是人类进化中出现过食人之风的最早证据。有一块上颌破块具有现代人似的犬齿窝 *，表明现代人的特征在如此早的时间就已经出现于非洲以外的地区，非洲不是现代人特征的唯一起源地。

《科学公共图书馆综合卷》杂志 2014 年 2 月报道：2013 年 5 月，英国学者在英格兰诺福克郡的海岸侵蚀地带发现了一组大约 50 个凹陷。

---

\* 犬齿窝指现代人上颌骨体前面犬齿轭外侧的凹陷，具体位置参见第 72 页左下图。

经过三维激光扫描确认，是一男一女和三名小孩留下的足迹，其中成年男性的身高可能为 1.73 米。学者们推测：这些可能是先驱人祖先或后代的脚印，他们沿着当时尚存在于英国和欧洲大陆之间的链接地带，从欧洲西南部来到这一地区。

② 欧洲的直立人

法国阿拉戈出土的一块完整的面骨、顶骨、下颌骨和髋骨属于直立人。

意大利切普拉诺出土了一件90万～80万年前的头盖骨。其形状狭长，眉脊和枕骨圆枕粗壮，枕部弯折，角圆枕显著，骨壁厚，脑膜中动脉后支比前支粗。因此被许多学者认为属于直立人。

③ 欧洲的古老型或早期智人

在英国斯旺斯库姆和德国施泰因海姆发现的头骨是较早被归于早期智人的化石，希腊佩特拉洛纳发现的一个完整的头骨也可包括在内，1976 年起，在西班牙阿塔普埃尔卡山胡瑟裂谷的山洞发现了许多 40万～ 30 万年前的人类头骨。这些化石的时代都在中更新世。有的学者提议将之归入海德堡人。

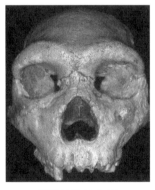
佩特拉洛纳头骨

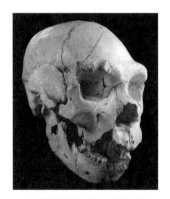
阿塔普埃尔卡 5 号头骨

这个时期欧洲制造石器的技术是第二模式，与非洲相同，典型石器也是阿舍利手斧，属于旧石器时代初期。

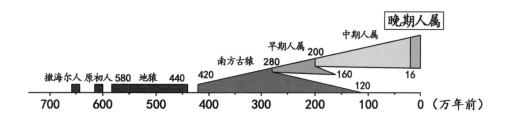

撒海尔人　原初人 580　地猿　440　420　南方古猿　早期人属 280　中期人属 200　**晚期人属**　160　16　120

700　600　500　400　300　200　100　0（万年前）

# 人属晚期成员

人属晚期成员基本上生存于晚更新世，个别的可能早至中更新世晚期，包括早期现代人、尼人、梭罗人、弗洛勒斯人和丹尼索瓦人。

## （1）非洲的早期现代人

2003 年报道，在非洲埃塞俄比亚的赫托村附近发现了几件 16 万年前的头骨化石。这些头骨脑颅高，脑子大，额部垂直，有强的眉弓 [*]，面部不大，显示出现代人的基本特征，不过有的结构还保留着比较原始的形态，因此，实际上是古老形态与现代形态的镶嵌体，表现出由古老型智人向解剖学上现代的智人过渡的形式。有趣的是，这些人与现在非洲黑人的接近程度比不上与澳大利亚土著的接近程度。

赫托早期现代人复原像

虽然前几年有报道称，埃塞俄比亚奥莫的人类头盖骨生存于 19.5 万

---

[*]　眉弓指现代人眼眶上内侧方额骨表面的条形隆起，其位置大约与眉毛内侧段相当。

年前，但不能肯定用于测年的样品与头骨有明确的关系，所以最好认为，赫托的人类代表了最早出现的解剖学上现代的智人。

南非克拉西斯河口洞穴出土的至少9万年前的下颌骨也是很重要的标本，因为已经显示出解剖学上现代的智人所特有的颏隆凸雏形。

### （2）西亚的早期现代人

巴勒斯坦和以色列地区的早期现代人化石主要有斯虎尔和卡夫泽出土的大约9万年前的标本。2018年报道在米斯利亚洞发现一个19.4万～17.7万年前的上颌骨和牙齿。其形态和测量与早期现代人很接近，而与尼人、中更新世人差距很大。

### （3）中国的早期现代人

广西崇左智人洞有一件11万年前的下颌骨，其具有颏隆凸形态的雏形表明从古老型智人向解剖学上的人的转变过程不仅发生在非洲的克拉西斯河口，也曾发生在东亚。东亚这种现代人才有的特征是人类在东亚本地进化的产物，不是6万年前才由非洲来的移民带进来的。

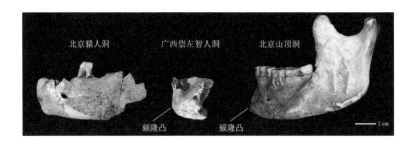

北京猿人洞、广西崇左智人洞和北京山顶洞出土的下颌骨侧面观，崇左下颌骨的颏隆凸显示其处于从北京猿人向现代人发展的过渡状态

北京周口店的山顶洞在20世纪30年代曾经出土了包括3个完整头骨、一共代表至少8个人的化石。最早研究山顶洞人骨的外国学者魏敦

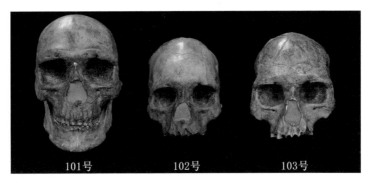

山顶洞出土的 3 个头骨

瑞认为，3 个头骨分别代表 3 个种族。101 号男性老人头骨属于原始黄种人；102 号年轻女性头骨类似于远在太平洋西南部的美拉尼西亚人；103 号中年女性头骨类似于远在北极地区的因纽特人。根据放射性碳*的测定结果，山顶洞的人类生活在距今 3 万年前左右。那时交通哪有今天这么方便，远隔万里的这 3 个地方的人怎么会聚在山顶洞呢？经过研究，笔者后来发现，这 3 个头骨具有一系列共同的特征，应该都属于原始黄种人。问题在于魏敦瑞的研究思路不对，他过分看重各个头骨上的一些相互不同却引人注目的特征，片面地理解那些特征的意义，而没有全面地考察所有特征，进而导致错误的结论。比如，魏敦瑞将眼眶低、鼻腔前口宽、脑颅很高等特征作为将 102 号头骨归属于美拉尼西亚类型的证据。实际上，低的眼眶是当时全世界人类的共同特征，宽的鼻腔前口在中国的早期现代人头骨中也多有出现，高的脑颅不只是美拉尼西亚人的特征，也是黄种人的特征。所以，这些都无碍于将 102 号头骨归属于原始的黄种人。102 号头骨眼眶外侧骨柱的前外侧面比其他中国化石更朝向外侧，可能是与尼人基因交流的结果。

---

\* $^{14}C$ 是碳元素的放射性同位素，半衰期为 5730±30 年。生物死亡后停止与外界进行碳交换，身体中的 $^{14}C$ 继续衰变，测量残存的 $^{14}C$ 的量就可以计算出从生物死亡到现在经历了多少年。

另外，人工变形也是造成 102 号头骨脑颅异常高的原因之一。这个头骨前额特别扁塌，隐隐约约可以看出有一道宽而浅的横沟。魏敦瑞在论文中附了一张现代少数民族妇女将带子勒在前额，用前额承担压在后背上的物体重量的照片，暗示 102 号头骨前额的这道浅沟也是这个原因造成的。笔者认为，那时的人不可能成天如此运输重物，不会造成这样的横沟。可能性比较大的解释是在婴儿出生后就用带子缠头造成的，类似于南太平洋地区一些民族的做法。这体现了早期现代人的审美观。

山顶洞人在死者身上撒红色粉末

山顶洞人制作和佩戴装饰品

　　因纽特人鼻腔前口很狭窄，眼眶特别高，山顶洞 103 号头骨却与之不同。

　　山顶洞分门廊、上室、下室和下窨四部分。上室是生活区，下室紧挨在上室的西边，是埋死人的地方。人骨化石大多埋在下室。人骨周围有红色的赤铁矿粉末，将赤铁矿粉末撒在死者身上是那个时期古人中常见的埋葬习俗。人们知道埋葬同伴，表明人与人之间的关系变得密切。撒红色粉末也许是因为联想到血液与生命的关系。在下窨内发现过许多只动物的全副骨骼，由此推测下窨当时可能是一个天然的陷阱，许多动物不小心掉下去，出不来，死在里面，落了个全尸。

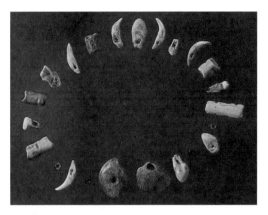

山顶洞人的各种装饰品（包括海蚶壳、鱼眶上骨、兽牙、小砾石、刻了沟的小骨管等）

人骨旁还有用兽牙、小石子做成的装饰品，都是用尖的石片从两面对挖，挖出小孔，用藤条或其他东西将之穿成一串，戴在头上或身上。戴装饰品表明那些古人已有爱美之心，而且有足够的闲暇和条件去做这些与保存生命没有直接关系的事情。装饰品中还有被刻了细沟的小骨管、鱼的脊椎骨和眶上骨。后者只有蚕豆大，长在鲩鱼眼部。从此骨的尺寸可以推测，那条鱼有大约80厘米长。也许那时的古人已经有本事从河里捉来如此大的鱼。

山顶洞人捉鱼

在山顶洞装饰品中，还有穿了孔的海蚶壳。海蚶生活在海边，山顶洞却远离大海，大大超出一个人早出晚归能到达的活动范围。山顶洞人手中怎么会有海蚶壳呢？也许他们曾经在海边住过，后来才搬到周口店；也许是他们从住在海边的人那里得到的，比如，山顶洞人已经能在相当大的区域活动，可能还会与其他人群进行以物易物的交易呢。

在山顶洞里还发现了一根骨针，由老虎的阴茎骨磨成，再用尖石片挖出针眼。从这根骨针可以合理推断，山顶洞人已经知道将兽皮缝起来遮蔽身体。附带说一下，近些年有分子生物学者认为，衣服对身体的包裹提供了体虱在人身上生长的条件，他们通过对体虱 DNA 的分析来推算这种虱子在地球上出现的时间，进而认为人类最早开始穿衣服是在大约 7 万年前，后来又有别的学者利用分子生物学的其他方法推算出早于 19 万年前的时间。

穿兽皮的人在缝兽皮（小图为骨针）

山顶洞的石器与其东侧下方的猿人洞的石器基本上一样，有学者甚至猜想，山顶洞人的石器是他们从猿人洞堆积物中捡来的。但是骨针和装饰品表明，山顶洞文化还是有第四模式成分的。

在周口店地区，距离山顶洞西南 6 公里有个田园洞，那里出土了包括下颌骨和四肢骨骼在内的许多人骨化石。用人骨本身进行放射性碳测年，所得结果是大约 4 万年前。人骨形态与近代人基本一致，但是有些特征显得比较古老，如前牙与后牙的比例、胫骨*的粗壮度等。人骨的线粒体和部分核基因组显示，此个体的祖先是许多近代亚洲人和美洲土著人的共同祖先中的一员，这个祖先群体生存的时间是在亚洲人与欧洲人分异以后。田园洞人的基因组中还包含一些尼人的变异。田园洞人基因组与近代人的比较显示，田园洞人与汉族最接近，与非洲人相距最远。

广西柳江的人类化石包括一具完整的头骨和一些身体骨骼。头骨形态与华南近代人基本一致，只是眼眶较低，这是全世界早期现代人普遍的特征；枕骨有发髻状隆起**，可能是与尼人基因交流的结果（参见第99页）。其大腿骨厚度与髓腔直径的比例与北京猿人接近，大于近代人。根据大腿骨断块复原出的身高为1.57米。

柳江早期现代人头骨

这些化石埋藏在柳江新兴农场的通天岩山洞中。劳改人员从洞中挖掘岩泥作肥料，将其中包含的化石一并运出山洞。其后不久，笔者随第四纪地质学前辈裴文中学部委员来到现场考察，但是已经无法弄清与化石埋藏有关系的情节了。多年以后有年代学学者从该洞洞壁取了样品用铀系法新技术测年，得到大于6万年前或22.7万～10.1万年前的数据。但是古人类学者们多次对柳江人类化石的形态进行研究，认为与近代中国人差别很小，结论都是年代不可能如此久远。关键问题是，测年技术无论多么准确也只能代表被测样品的年代而不必然能代表人类化石的年代。

---

\* 小腿有两根长骨，比较粗的是胫骨。
\*\* 发髻状隆起又称馒头状隆起，位于枕骨上部外表面，是尼人的典型特点之一。

在我国的其他一些地方也出土了一些早期现代人的化石，如四川资阳的标本，分别位于云南和广西的约 1.43 万到 1.15 万年前的马鹿洞和隆林的标本，云南丽江、贵州穿洞和陕西黄龙的头盖骨，还有最近新发现的山西石沟的枕骨残片以及众多地点的零散牙齿和其他标本等。

### （4）欧洲的早期现代人

一般认为欧洲的早期现代人可能出现在大约 3.5 万年前，以法国克鲁马农人为代表，当时欧洲正值旧石器时代晚期。

旧石器时代晚期的壁画之一

过去对这幅画的流行解释是：一个穿着兽皮的人打扮成魔法师，参加关于狩猎的魔法仪式。现在一般认为代表人与动物界的关系。

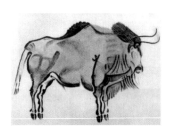

旧石器时代晚期的壁画之二

欧洲早期现代人不但发展出第四模式的石器制造技术，制造了多种更加精美的石器，还会用兽骨制造鱼叉。洞穴或岩厦中出现了大量的彩色壁画，有的壁画甚至位于洞的深处，离洞口 1,000 米，画中有野牛、猛犸象或其他动物。那时的人们还会雕塑，用泥土塑造出两头 60 厘米长的野牛斜靠在一块石头上。还发现过用猛犸象牙雕刻成的大约 6.6 厘米长的马和女人像，像中女人乳房和臀部十分发达。考古学家推测，这些艺术品大都与祈求狩猎成功、人丁兴旺有关，也许那时的人们已经有了某种类似魔法或魔力的想法。

2019 年发表了对希腊阿皮迪玛头骨化石的再研究，其 1 号标本为 21 万年前，只有头骨后部，形状圆钝，没有尼人的典型特征——发髻状隆起。因此有人认为它代表欧洲最早的早期现代人。

旧石器时代晚期人类搭建的帐篷

旧石器时代晚期的人会用猛犸象牙、大的动物骨头和野兽皮搭建房屋,有时还会利用陷阱捕捉动物,或把动物驱赶到悬崖边使它们坠崖而死。

2014年报道的古基因研究结果提示,现代欧洲人的祖先可能有三个来源:其一,4万年前从非洲来的蓝眼睛的狩猎采集者;其二,更晚时期从中东来的农民;其三,活动范围可能横跨北欧和西伯利亚的更为神秘的人群。

### (5)澳大利亚的早期现代人

在更新世,地球表面的温度曾经有过几十次比较大的波动,最严重的波动是几次大冰期。海洋里的水被蒸发上天,再变成雨雪降到陆地,冰期出现时,在高纬度和高海拔地区的地面上积起厚度可达100米的冰盖,同时海平面大幅度下降。末次冰期时,澳大利亚与新几内亚等岛屿之间的海平面下降达到90米,海底露出水面,使澳大利亚和周围的岛屿合并成一块大陆,被称为萨胡尔兰。印度尼西亚的大多数岛屿也因为海平面下降而连成一片,经由马来半岛与亚洲大陆连在一起,成了亚洲大陆的东南部地区。但是在这个地区与萨胡尔兰之间、现在的帝汶岛东南当时还有一条宽度至少 70 公里的海峡，这条海峡是一条很深的海沟，冰期海平面下降也不能使沟底露出水面。

迄今为止在澳大利亚发现的最早的人类遗迹是蒙戈湖地区出土的 4 万年前人类的化石，所以人类大概是此前从亚洲迁移过去的。但是即使在冰期海平面下降时，亚洲人靠步行也去不了澳大利亚。那时没有船，人类如何越过这条鸿沟到达彼岸，至今仍旧是个待解的谜。

澳大利亚著名的化石人来自蒙戈湖地区、科阿沼泽和基洛等处。蒙戈湖地区的化石年代较早，多数脑颅标本的形态比较接近中国南部的早期现代人；科阿沼泽的化石只有 1 万年上下，多数标本的形态更接近昂栋或梭罗的化石人（参见第 102 和 103 页）。所以有人主张，澳大利亚土著有两方面的来源，一是来自中国，二是就近来自东南亚。

研究人员对 0.6 克 100 年前澳大利亚土著人头发的基因组做了分析，认为澳大利亚土著人可能在大约 5 万年前到达澳大利亚。

### （6）美洲的早期现代人

从形态学分析，美洲土著人的祖先可能来自东亚。末次冰期时，白令海峡的海底露出了海面，变成陆桥。在距今一两万年前，虽然天气寒冷，但是当时人类物质文化已经达到了相当的高度，能够在如西伯利亚这样的高纬度寒冷地区生活，亚洲的西伯利亚人向东北越过白令陆桥来到美洲，所以美洲土著人和东亚人都曾被归属为黄种人。当哥伦布等到达美洲时，他们以为到了印度，就把那里的土著称为印度人。后来才弄明白美洲不是印度，于是把美洲土著改称为美洲印度人或红印度人（因为那些人习惯于把身体涂成红色），中文翻译则将印度人（Indian）音译成印第安人，以便与亚洲的印度人相区别。后来越来越多涌入美洲的欧洲人反客为主，美洲土著反倒成了少数民族。对我国周口店田园洞 4 万年前人类化石的 DNA 分析表明，田园洞这些人的祖先构成美洲土著人祖先的一部分。2014 年报道的关于西伯利亚中南部麻尔塔 2.4 万年前人类化石的 DNA 分析提示，美洲印第安人祖先的基因组中约有 14% ～ 38% 来自麻尔塔古人群。后者与欧亚大陆西部旧石器时代晚期的人群有比较密切的联系，而与东亚人群关系较远。近些年有学者根据 DNA 分析和石器对比主张美洲印第安人还有一部分祖先来自欧洲。因此，美洲土著人起源的问题可能比一直以来设想的更复杂。

### （7）智人的近代成员

从距今 1 万多年前开始，人类进入新石器时代，开始将打制的石器磨光和制造陶器，过定居的生活。已经发现了很多这个时期以及更晚的人骨，其形态与现在活着的人差异很小。

### （8）尼人

尼人的典型代表是 1908 年在法国圣沙拜尔村附近发现的一副老人骨架。骨架身长 1.6 米，头骨已经破成多片，但是可以拼接起来。其头顶低矮，前额后倾，眼眶后的脑颅稍缩狭，脑颅最宽处的位置介于直立人和现代人之间，比较接近直立人的扁圆馒头形，而不像现代人的近球形。脑颅后部好像贴了一个馒头或发髻，这个构造被称为馒头状隆起或发髻状隆起。虽然脑颅形状与现代人不同——颅顶比现代人低，有些接近

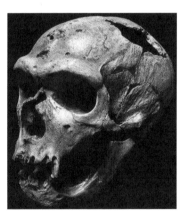

圣沙拜尔人头骨

直立人，但是脑子的体积却比现代人大，男性和女性分别为 1,524 ～ 1,640 毫升和 1,270 ～ 1,425 毫升。头骨厚度介于直立人和现代人之间。尼人的面部比现代人大而且向前突出，眼眶呈圆形，鼻梁向上翘，鼻腔的前口比现代人宽，与直立人相似，下巴处也没有颏隆凸。四肢骨骼短而粗壮。

尼人复原像

亚洲西部巴勒斯坦和以色列也出土过尼人化石，古人类学上称为非典型尼人。其前额比典型尼人稍膨隆，枕部比较圆隆，脑量比典型尼人小，面骨不及典型尼人向前突出，眼眶呈长方形或圆形，有的标本在下巴处有稍明显的颏隆凸。男性身高1.7～1.8米，女性身高1.5～1.6米。典型尼人躯干和四肢都短而粗，非典型尼人则四肢骨比较细长，前臂与上臂、小腿与大腿的长度比例都较典型尼人大，也就是说比较接近现代人。所以人类学界的主流观点曾认为大多数典型尼人已经灭绝，欧洲现代人的祖先较可能是亚洲西南部的非典型尼人。在伊拉克和中亚以及南西伯利亚阿尔泰地区也发现过尼人的头骨化石和其他标本。

欧洲典型尼人生存于大约10万～3万年前，有的学者认为尼人世系可以上溯到大约40万年前。在欧洲典型尼人生存的大部分时间中，地球处于冰期，寒冷的气候在欧洲表现得很显著。北欧为厚的冰盖所覆压，人类无法生存，尼人的分布区被压缩到欧洲中南部。总之，他们的生活极为艰辛，其粗短的身材可能是适应寒冷气候的结果。现在住在北极地区的因纽特人身材和四肢也都比较粗短，这对身体保暖有利。

无论欧洲还是亚洲西南部的尼人都用第三模式的技术制造石器，古文化是莫斯特文化＊，属于旧石器时代中期，典型的石器有莫斯特尖状器等。但法国的圣塞赛尔遗址却是例外，与尼人化石伴存的是第四模式的夏特贝朗文化的石器，可能提示尼人与外来的现代人之间有交流。

---

＊ 莫斯特文化指以发现于法国莫斯特山洞的旧石器时代文化为代表的文化。

尼人知道用骨棒来修理石器。他们还会用猛犸象骨搭盖成底面为椭圆形的小屋，也许还用树枝帮助支撑，屋顶用兽皮遮盖。

发现于法国圣沙拜尔村附近的那副尼人骨架严重佝偻，表明骨架主人生前曾患关节炎，不可能参加生产活动。生前他的牙齿脱落只剩下两颗。一个人从开始患病到骨骼和牙齿出现这样的病变，肯定要经过相当长的时间。这个人能够活得如此长久，表明他一定受到过同伴的照料。在伊拉克沙尼达尔发现的一副尼人骨骼只有一条（左）手臂正常，他能活到40岁才死，大概生前也受到过别人的照料。

尼人开始有埋葬死者的习俗。在伊拉克沙尼达尔山洞内的尼人化石周围发现了大量植物孢子和花粉的化石，研究表明这些孢粉化石代表许多种色彩艳丽的花卉，或许在死者下葬后，同伴们在他身边放了许多鲜花。法国费拉西岩厦的一男一女两副骨架也显示那时可能有埋葬的习俗。两副骨架相距50厘米，头对着头。在男性尼人头上和肩

尼人用鲜花埋葬死去的伙伴

胛骨上压着扁平的鹅卵石。女性尼人脸朝上，腿弯曲，双手放在膝上。这两副骨架分别被安放于从红黄色砾石层里挖出来的两个坑中，坑的宽度为 70 厘米，深度为 30 厘米，坑里填满了黑土。圣沙拜尔的那具老人尸骨埋在一个岩厦里，身旁摆着燧石和石英岩的碎块，还有驯鹿和野牛的骨骼。法国莫斯特山洞的尼人青年尸骨在头下枕着一堆燧石。发现于意大利蒙色西一座山洞里的一个尼人头骨放在一个被扩大了的洞里，头骨周围摆着许多石块。看来所有这些都不像是自然形成的，更可能是当时活着的人有意布置的。尸体可能被特意安葬的类似例子还有多处，所以可以肯定，尼人社会的人际关系已经比较密切，而且他们很可能会想到"死后的世界"甚至灵魂了。

英国学者对尼人和早期现代人遗址的最大聚集区——法国西南部佩里戈尔地区的各种考古证据进行了详细的统计和分析，于 2011 年发表论文认为，在最早的现代人到来时，尼人已经在这里建立了居住地。但是入侵的早期现代人在数量上至少比尼人多 10 倍。早期现代人占领了更多的资源和地区，他们的领地面积急剧扩大，加上社会行为更有组织，使得早期现代人在与尼人争夺领地、食物和过冬燃料等的活动中总能获胜。尼人逐渐退居到边缘地带和较不适宜居住的地区。加上气候恶化等因素，使得尼人 4 万～3 万年前在欧洲大陆灭绝。

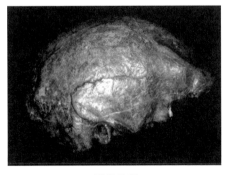

昂栋头骨

## （9）梭罗人

在印度尼西亚爪哇梭罗河畔的昂栋村附近也发现过许多头盖骨。其生存年代有争议，可能在 10 万年前与 5 万年前之间。其骨壁厚，眉脊粗壮，前额扁塌，因此不少学者认为这种人属于直立人。但他们的脑颅较高，脑量较大，可以达到 1,150～1,300 毫升，这些也是很重要的特征。昂栋头骨既有与直立人相似的特征，又有接近早期智人的特征。应该将这样的形态镶嵌看作是人类进化中形态发展不均衡的结果，是直立人向智人过渡的一种表现，而不应该看作是直立人在这个地区延续了更长的时间。

### （10）弗洛勒斯人

2003 年在印度尼西亚弗洛勒斯岛的良巴洞中发现了许多特别矮小的人类骨骼，故俗称小矮人、霍比特人。这些人骨在 2004 年的报道中被命名为一个新的物种——弗洛勒斯人，其脑量大约 400 毫升，身高

弗洛勒斯人（左）与现代人（右）的头骨

估计大约 1.06 米。最初测定年代为 1.8 万年前，2016 年发表的新研究认为人化石的年代是 10 万～6 万年前，而可能是他们制造的石器则是 19 万～5 万年前的。有人主张他们的异常形态是小头症*或其他疾病的综合征造成的后果，还有学者认为是非洲直立人之前的某种早期人类迁徙到东南亚存活到如此晚近的一个物种。

### （11）吕宋人

2007 年在菲律宾吕宋岛凯洛洞发现了属于人类的距骨，2019 年又发现了在同层出土的另外 12 件人骨，一共代表 3 个个体。研究论文指示其兼具原始的和衍生的特征，两者结合的表现与智人和弗洛勒斯人都不同，

---

* 人类脑颅的外表面由额骨、枕骨、蝶骨各一块，顶骨、颞骨各两块组成，各骨之间在出生时以膜质结构或软骨相连。随着人的成长发育，各骨逐渐长大，为脑子逐渐扩大提供足够的空间。正常人成年时蝶骨与枕骨之间的软骨变成硬骨，连接其他各骨之间的膜质结构在脑子得到充分发育后也逐渐消失，最后邻接两骨之间的缝隙没有了，长到了一起，术语谓之愈合。极少数人的脑颅各骨在幼年很早阶段就已愈合，限制了脑子发育所需的空间。脑子无法充分发育，会使人成为白痴，这就是小头症。

建议属于一个新种：吕宋人。

### （12）丹尼索瓦人

近些年有报道称，从俄罗斯南西伯利亚阿尔泰地区丹尼索瓦山洞出土的人类指骨和臼齿化石中提取 DNA 进行分析，结果显示，其基因组与尼人和智人都不相同，这些化石代表的人类被命名为丹尼索瓦人。而从同一洞中发现的趾骨提取的 DNA 却与尼人相同。这座分为三室的大山洞中还有制作精良的石器和骨器，看来是智人制造的。因此，学者推测，在这座山洞中曾经生活过三种人类：大约 5 万年前丹尼索瓦人住在洞内，大约 4.5 万年前山洞主人换成尼人，而智人则在其后进入此洞。另一个有趣的发现是，在西南太平洋的美拉尼西亚人的基因组中发现有大约 5% 的基因来自丹尼索瓦人。丹尼索瓦人的 DNA 分析结果还显示，发生在尼人和早期现代人之间的几起基因流动事件可能包括从一个未知的远古人群向丹尼索瓦人的基因流动。还有报道称，丹尼索瓦人与西班牙 40 万年前的化石人也有基因交流，我国藏族人适应高海拔地区生活的基因可能来自丹尼索瓦人。丹尼索瓦人是通过基因分析才被认识的，除了知道其臼齿较大外，迄今对其他部分的形态还一无所知。

概括而言，人类在 700 万～ 600 万年前出现于非洲中北部，在大约 420 万年前发展出南方古猿，南方古猿分化出许多种类，广泛分布于非洲从北部到南部、从东部到中部的大片地区，到大约 120 万年前遭到灭绝。在南方古猿仍旧繁盛的时候，人属的早期成员——能人出现于大约 280 万年前，消失于大约 180 万年或 160 万年前，人属的中期成员——直立人则可能在大约 180 万年前出现于亚洲西南部，也可能出现于非洲东北部。此后人类走出非洲，很快到达东亚和东南亚，在大约 86 万年前到达欧洲西南部。学者们常常倾向于认为各个化石所代表的群体之间界限分明，为这些化石订立一个个新的物种名。在此必须指出，古人类学中物种的概念是"古种"或"时间种"，与现生生物的物种概念不同，没有根据认为，现生生物物种定义中异种之间不能杂交的含义必须适用于古种，而且时间相邻的时间种之间往往没有明确的界限，如直立人与古老型智人在形态上"你中有我，我中有你"，成镶嵌的状态。后来发现了更多的标本，学者们往往发现有的标本既像这个种又像那个种，也许属于两个种之间的过渡类型，很难将之归类，也就是说，古人类形态的多样性比过去认识的要大得多。通过对这些标本进行深入的研究，逐渐认识到人类进化中的每一个个体都是古老特征和进步特征的镶嵌体。在迁徙过程中，由于遗传漂变、对不同环境的适应、地区间的基因交流和身体不同性状的不等速进化等因素的作用，在人属的中期和晚期成员中发展出多种地区类型。除孤悬大海的弗洛勒斯人这种个别情况外，无论在时间上接近或地理上相邻的群体之间一般都有或多或少的关联，逐渐产生现代型特征。当积累到一定程度时，在大约16万年前开始出现形态上与我们大体相同的人类——解剖学上现代的智人。人属晚期成员由于适应环境的能力不同等原因，有的全部或大部分消亡，有的繁盛扩张，越来越频繁的基因交流导致不同地区的人类逐渐同化。值得强调指出的是，解剖学上现代的智人的诸多衍生特征不是在某个时段一揽子涌现，而是在不同时段分别陆续出现的，现有的资料已显示，其衍生特征之一——犬齿窝出现于80多万年前，颏隆凸初现于十几万年前，大的脑量是缓慢地逐步形成的，不是在某个时段突然变大的。过去有学者提出原来的直立人为"第一阶段智人"，现代人起源的多地区进化论者们主张智人应该是长达一两百万年的进化种，将原来的直立人归纳进这个进化种。目前我们对人类历史细节的了解仍旧很有限，不过我们相信：由于公众对人类进化历史越来越关心，会有越来越多的线索反映给古人类学家，帮助他们发现和发掘更多、更好的人类化石，进行更全面、更深入的研究，进而取得更多关于人类起源和进化的知识。

# 人类进化的发展趋势

　　在漫长的进化过程中，由于生产和生活条件以及环境的改变，人类身体各部分发生了一系列变化。现在的人们往往会有很多疑问：人类的身高会不断增长吗？人类的脑子会越变越大吗？由于近代文明的发展，人类的体质会不断下降吗？在未来的岁月里，人类是否还会进化？进化的趋势又将如何？

# 人类会越来越高吗？

　　有人登长城时发现长城的台阶比现代建筑高，在博物馆看见古人的战袍比现代人穿的还长还大，看小说描写古代战将和武人身高8尺，不免会产生疑问：古人比现代人高大吗？答案是否定的。长城台阶之高，一可能因为地形很陡，不得不如此；二可能因为更有利于在战事紧急时快步攀登——现在你着急上楼时，不是也恨不得一步跨过3级吗？现在的篮球和排球选手个子都很高，那是职业的需要，自然不应该将他们的身高看作今人的普遍身高。古时战将和武人必然也都是当时身材特别高大的，战袍大过常人可以理解，并不意味着古时的人普遍都是那样高大。古代度量衡与现今不同，比如汉代的1尺只相当于后来的0.8市尺（3市尺等于1米），所以当时的8尺也就相当于现在的2.1米。如果读者觉得这些解释说服力仍不够，请看看从地层中挖出的古代人的骨骼化石是怎么说的。

　　根据现在已经发现的化石，我们知道：440万年前的地猿始祖种身高1.2米；300多万年前的南方古猿阿法种，女性和男性身高分别为1米上下和1.5～1.7米；其他许多种南方古猿和能人，虽然有的

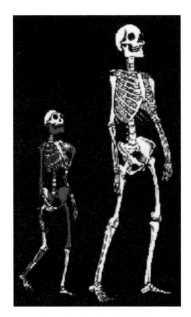
南方古猿阿法种（左）
与现代人（右）女性骨架对比

高些，有的矮些，大体上落在这个范围内；200万年前的能人身高尚与南方古猿相近，而160万年前的非洲直立人（匠人），成年身高已经达到1.8米以上。有学者估计，从能人到直立人，身高大约增长了三分之一。总之，在人类演化的漫长过程中，身材变化的趋势先是缓慢地小幅增高，从200万年前到160万年前，人类的身材迅速增高，此后就不再有大的变化了。从直立人到现代人，不同地区、不同时代的人群身材有一定差异，比如西欧的尼人比较粗短，西亚的尼人比较瘦长。不同种族、不同地区生活环境不同的人身高和体型也有差异，比如东南亚的人矮小，非洲黑人一般瘦高。尼罗特人每千克体重平均有大约300平方厘米的身体表面积；非洲俾格米人和东南亚的尼格利陀人特别矮小，与每千克体重匹配的身体表面积超过300平方厘米；北极地区的因纽特人身材粗短，每千克体重配合有260平方厘米的身体表面积。总之，生活环境越热，身体与体重相比的相对表面积越大，有利于将体内的热量散发出去，而生活在寒冷环境中的人则身体表面积相对较小，有利于保持体内的热量，这是与生物学中反映机体对环境适应的伯格曼定律一致的现象。但是从历史角度来看，应该说自160万年前至今，大多数人类的身材发展没有像更早时期那样存在明确的增高趋势。如果说几百万年前、几十万年前、几万年前的化石很少，也许发掘出来的恰恰是当时的小个子，不足以代表当时、当地人的身高，我们可以看看距今几千年前的古人遗骨，至今已经发现了

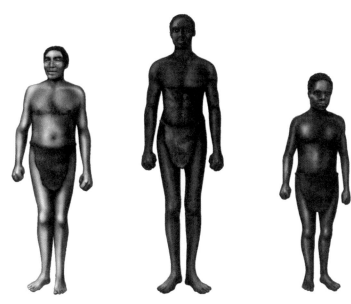

北极寒带的因纽特人（左）、非洲热带
的尼罗特人（中）和非洲俾格米人（右）

很多具，平均身高华北地区约为 1.7 米，华南地区约为 1.6 米。

　　不过，在最近几十年，经济快速发展地区的人民随着生活条件，特别是营养条件的改善，身高增长很明显，比如半个多世纪前日本人的身高普遍低于中国人，但是现在已经难分高低了。我国现在的年轻一代一般比老一辈人高，那是因为老一辈人在身体发育阶段营养状况较差，遗传潜能无法发挥，而近些年国人的营养状况有所改善，遗传的潜能能够发挥出来。这不是进化规律的反映。

# 人脑会越来越大吗？

　　最早期人类的头骨构造还保留着较多猿的特征，脑子大小和现代猿相差不多。700万～600万年前的乍得撒海尔人脑量只有350毫升，440万年前的地猿始祖种脑量300～350毫升，300多万年前的南方古猿阿法种脑量平均375毫升，都没有超出现生大型猿类脑量的变异范围。不过，考虑到那时的人要比现生大猿身量小，所以与现代猿相比，他们的相对脑量可能稍大。人属早期成员平均脑量为600多毫升，直立人脑量可达1,225毫升，现代人平均约为1,350～1,400毫升。由此可见，在人类进化过程中脑子的发展趋势是由小变大：在南方古猿时期和之前，脑量增大缓慢；从南方古猿到人属和在人属的进化过程中，脑量增大迅速。但是也要看到，尼人的平均脑量比现代人还大，脑子的形状却与直立人相近，还没有进化到现代人的样子。因此，脑子的发达程度固然

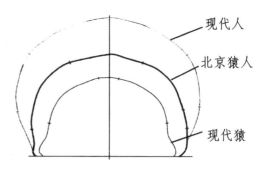

现代人、北京猿人和现代猿头骨横断面

110

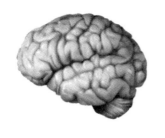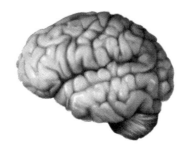

晚期南方古猿（左）与人属早期成员（右）脑的比较

与大小密切相关，但形状也很重要。可以推测，脑子中负责不同功能的各部分的比例和内部神经细胞之间的联络状况也是很重要的因素，而这些情况无法通过化石来了解。

有人因为在人类进化中脑子由小到大，再加上现代人用脑越来越多，就担心将来人脑会不会越长越大，使人变得头大如斗。由现代人的脑子机能比尼人进步，但体积不但没有增加反而更小，联想到电脑升级只需改善内部结构，不需要增大体积，我们有理由推测，人脑未来的进化也可能表现在内部联系的改进，体积不一定会增大。

在过去的几百万年里，一方面人脑越变越大，另一方面人类越变越聪明，有人不免联想到自己周围的人是否也是脑子越大越聪明。这种想法是不正确的。人类学上有过记录，俄国大文豪屠格涅夫的脑子重约2,000克，法国有位小说家法朗士的脑子只有约1,000克，后者在1921年得过诺贝尔文学奖。法朗士的脑子比绝大多数现代人的脑子都小，谁能说他比绝大多数现代人都笨呢？事实上，无论是哪个时代的哪种动物，脑子大小都有正常的变异范围。由于各种各样的原因，有的个体脑子大些，有的小些，这些都不足为奇。现代正常人脑子重量的变异范围是，从接近1,000克到稍大于2,000克。正常个体的脑子只要不超出这个范围，其

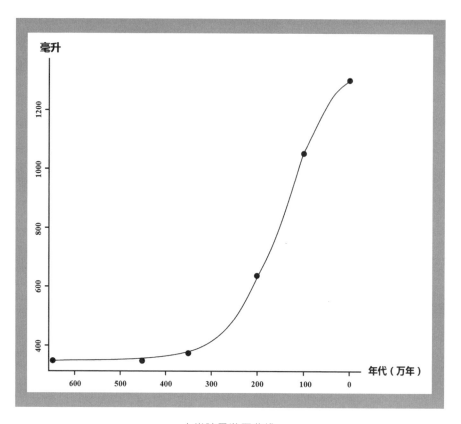

人类脑量发展曲线

机能如何将更多地取决于其他因素，如脑子内部的结构、受教育和勤奋的程度、思想方法等，而不是脑子本身的轻重。没有理由光用脑子大小来判断聪明和愚笨。

# 头骨有哪些显著变化？

食物加工能力的改善导致牙齿变小，使得牙齿所依托的上下颌骨变弱、变小，不再向前突出。脑子变大使脑颅也变大，其最宽处由接近颅底升高到顶骨下部或颞骨上部，颞骨鳞部变高，额部随着大脑额叶的扩大而由扁塌变得饱满。脑颅与面骨的大小比例和相互位置发生变化。从猿人到现代人，脑颅骨壁由厚变薄，其增强结构如眉脊、枕骨圆枕和矢状脊等变弱直至消失。枕骨圆枕消失导致颅顶后部从以角状转折的形状与颅底相接变为圆隆状过渡，顶骨后下角的角圆枕在解剖学上现代的智人中消失，在颅顶的后下部更出现了以前没有过的枕外隆凸。

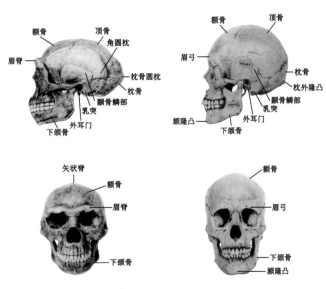

北京猿人（左）与现代人（右）头骨的比较

113

# 四肢有哪些显著变化？

现代猿雌性和雄性之间的差异比较大，最早的人男女两性骨骼之间的差异也比较大，以后逐渐变小。440万年前的地猿始祖种上肢比下肢长，200万年前左右的能人上肢仍旧稍长，160万年前的匠人上下肢长度接近。以后下肢越变越粗壮，上肢较短。440万年前地猿的大脚趾与其他四趾岔开，到300多万年前的南方古猿才五趾并列。早期人类手指有些弯，后

地猿复原图

来才变直。从直立人到解剖学上现代的智人，上下肢骨的骨髓腔变大，骨壁逐渐变薄，在最近1.2万年中，骨密度比以往显著降低，尤以下肢为甚，这可能与从以狩猎为主的生活转向定居务农有关。今后依靠体力的工作还会更少，劳动量还会更轻，也许有人会担心，人类的四肢会不会变得越来越细小，人会不会变成一种大头小身子的怪物。过去人类为了生存，不得不从事很繁重的体力劳动，没有多少时间可供自由支配。随着劳动生产率的提高，可供自由支配的时间将越来越多，人们有足够的时间从事健身活动，按照自己的愿望把身体锻炼得更加健美。

# 人类可能会退化的部位

牙齿的粗壮程度和内部形态在直立人和古老型智人之间似乎变化不大，大的变化发生在从古老型智人到解剖学上现代的智人之间：不仅齿冠变小，咬合面上的花纹变得简单，牙尖变少，牙髓腔变小，牙根变细；形状也大不相同。直立人常有齿扣，智人没有，这是环绕齿冠下部由于釉质增生而形成的一圈形似腰带的结构。直立人的牙根像一根上下几乎一般粗的柱子，只是在临近末梢处突然缩小；解剖学上现代的智人的牙齿则从与齿冠相连的那一端向末梢逐渐变细，整个牙根细弱得多。1 万年前，欧洲、亚洲和北非人的牙齿平均比现代人大 10%。牙齿的变弱可能与食物加工改善、烹调愈来愈精有关。

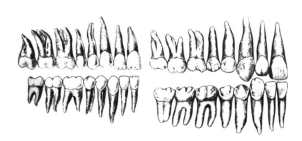

现代人（左）与北京猿人（右）牙齿的比较

正常情况下，现代人的肋骨有 12 对，最下 2 对很短。有人推测，将来也许这 2 对肋骨会退化，变得更短，甚至消失。

# 现代人种的形成与消亡

    黑色素是一种有机大分子，可以吸收紫外线和中和紫外线照射皮肤后产生的有害自由基。非洲的人群居住在紫外线较强的环境中，必须在皮肤内保有较多的黑色素，也就是说皮肤保持比较深的颜色才能减少紫外线辐射的伤害。另一方面，人类皮肤中有 7- 脱氢胆固醇，在紫外线的作用下会转变为维生素 D，这是人体所需维生素 D 的主要来源。欧洲纬度较高，接受阳光的强度低，加上气候湿润，天空中常有白云遮挡阳光，紫外线辐射较弱。皮肤内黑色素丰富（肤色较深）的人在这里接受紫外线照射难以产生足够的维生素 D，容易罹患佝偻病，不容易存活；而肤色较浅的人皮肤中黑色素稀少，经紫外线照射后能够产生适量的维生素 D。自然环境选择了皮肤颜色比较浅的人，结果形成欧洲白人现在较浅的肤色。在紫外线辐射强度上，东亚的环境介于非洲与欧洲之间，居民的皮肤颜色也介于两者之间。

    远古时期，扩散到各大区的人群在遗传构成上会有一定程度的差异，相对独立地在不同环境中进化使各地区的人形成了适应当地环境的特征，由此分化出不同的人种。各人种之间有明显的区别，但是因为不同地区人群之间只是相对隔离，仍有少量的基因交流，所以不会发展成不同的物种。各人种之间不但能通婚，而且后代能保持正常的生育能力。

20 世纪以来，人种概念不断遭到质疑。人类学者逐渐认识到人群迁徙和通婚导致不存在"纯种"，不同人种只是在许多特征的出现率或分布上有所不同。经大量的研究确认，人类各种生物学特征变异的分布从一个地域到另一地域通常是逐渐变化的，科学上称之为"连续渐变"，例如皮肤颜色一般是从赤道到高纬度地区逐渐由深到浅，B 血型的出现率从亚洲向欧洲逐渐变低等。很难断定住在不同人种分布邻接地区（如位于亚欧分界处的乌拉尔地区）的居民属于哪个人种，无法截然划分不同人种的分布区。通常用于划分人种的特征是皮肤和头发的颜色，头发、眼、嘴唇和头骨的形状等，但是以某些特征为标准划分出的人种格局与用另外一些特征为标准划分出的格局不相符合，因此无法形成一个所有人都能接受的能为人种进行详细分类的人种定义。遗传学研究更发现，与皮肤和头发颜色等特征密切相关的基因在人类基因组中所占比例很小。这一系列研究达成的共识是：没有人种，只有连续渐变的地区人群。

在 20 世纪前半期的后期，人类学研究中的一些错误结果被希特勒德国和日本军国主义利用。他们分别以雅利安民族和大和民族最优秀，应该统治世界为由，发动了第二次世界大战。美国三 K 党横行，种族歧视大行其道，激起了公众和科学界对种族主义的批判，种族主义成为人人喊打的过街老鼠。科学界更忌讳人种这个名词，似乎谁承认存在人种谁就是种族主义分子。

但是历史上造成的人种分化后果事实上迄今并没有完全消失，除肤色不同外，各地区的人还存在其他一些差异：祖籍欧洲的人体毛最多，容易患皮肤癌；祖籍非洲的黑人嘴部向前特别突出，汗腺较多，容易被冻伤；祖籍东亚的人体毛最少，对结核病有比较强的抵抗力，前列腺癌患病率较低等，国人能普遍感觉到的还有，许多人不适合喝牛奶，原因是缺乳糖酶。在美国，白人和黑人之间还存在明显的社会经济差异，种族歧视的魔影仍旧挥之不去。在实际生活和科研活动中不得不加以区分时，近些年用于描述不同人群的常见替代方案是：用黑人、白人（或欧洲人）、东亚人、澳大利亚土著等名称来称谓以前的黑种、白种、黄种和棕种所指的人群。当然，这样做同样不能摆脱上述由承认人种存在而产生的困扰。

近年来交通越来越方便，"地球变得越来越小"，不同人群之间的通婚日渐频繁，混血儿越来越多，过去区别明显的"人种"之间的界限越来越模糊。如果今天你站在联合国大厦门前，看着进进出出的人，你能按照过去的分类标志很容易说出其中大多数人分别属于哪个"人种"，或祖籍是哪个地区，很少会发生误判。随着人群间交流越来越频繁，原来的最明显表现在皮肤、头发和眼珠颜色上的"人种间差异"将逐渐淡化。也有人认为，人类肤色不会变成单一的牛奶咖啡色，相反，由于无法预料会出现什么样的基因突变，单一个体可能表现出许多变异，例如雀斑、深色皮肤和金色头发，以及橄榄色皮肤和绿色眼睛的惊人组合。几百年之后，我们的子孙可能就只能鉴别不大一部分人的祖先来源于哪个大洲了。也就是说，过去似乎明显的"人种界限"正越来越模糊，"人种"不仅在学术认知上而且在现实生活中都将归于消失。

# 人类进化会停止吗？

　　最近有学者提出：在莎士比亚时代，英国每三个婴儿中，只有一个能活到 21 岁；在达尔文出生的时代，两个中有一个会夭折；而到现代，99% 都能活到成年。如果不能说现代医药科技使得达尔文所说的进化动力停止，至少也是变慢了。一般说来，遗传变异、自然选择、遗传漂变和基因交流决定着人类进化的方向和后果：我们无从知道什么时候会发生哪些和什么样的遗传变异，也无法预测自然将演变出什么样的环境，更无法预测遗传漂变和基因交流会产生什么样的具体影响，况且人类技术的发展还会对环境产生影响，而遭受人类影响的自然界反过来又会影响人类的进化。总之，影响未来的因素错综复杂，我们无法预测十分长远的进化结果。尽管如此，对于比较短期的进化趋势还是可以做一些估计的。其一是第 118 页所述，地区人群间皮肤、头发等颜色差异将趋于淡化终致消失；其二是随着生活条件的改善和医学的进步，人的寿命将会延长，但受生理条件限制，一般认为很难超过 120 岁；其三是寿命延长和发展中国家经济条件的改善将导致世界人口继续增加；其四是目前发达国家中生育率降低的趋势可能扩散到更多经济条件得到改善的国家。人类生育率降低将减缓人口增长的速度，远期甚至会缩减世界人口的总

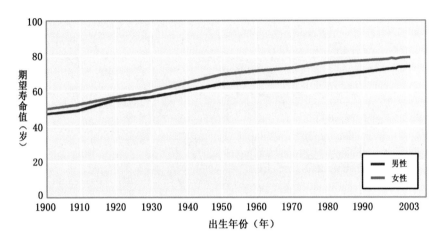

美国人的出生年份与期望寿命值

量，最终有没有可能发展到所有家庭都是丁克家庭而导致人类消失呢？笔者认为不会，因为还会有不少人很看重天伦之乐。丁克家庭没有后代，后辈人都是非丁克家庭所生，如果这两种生活取向与遗传有关，会不会导致生育率回升，人口越来越多以至于地球无法承载呢？笔者认为，人类是理性的动物，在文明程度比现在普遍高得多的情况下，人人都会非常自觉地计划生育，世界人口总量将保持在合理的水平。也许，人口的极限与其说在于地球养育人类的能力，倒不如说在于人类自身的繁殖意愿。总之，人类仍将在遗传变异的基础上、在自然环境和人类文明的共同影响下继续前行。必须警惕的是，我们要力求提高理性，千万不可为满足当代人的奢侈享乐而自毁家园，遗祸于子孙后代。

# 寻觅人类的直接祖先

越来越多的证据向我们证明：今天的人类是由古猿变成的。尽管到目前为止，我们还没有找到作为人类直接祖先的古猿，但随着多姿多彩的古猿和远古人类化石被发现，我们对人类祖先的了解也在一点点儿增多。

前面介绍了一代代科学家如何通过长期的艰辛努力，先是在没有令人信服的直接证据的情况下，从间接证据推测人类的起源，后来又孜孜不倦地到处寻找直接证据——人类和猿类化石，经过去伪存真，一步步延长着人类历史的实物记录。大量化石表明，时间越古越像猿，这使得越来越多的人相信，人是古猿变来的。但是时间越古，化石越稀罕。虽然似乎曾经不止一次找到过可能作为人类直接祖先的古猿，但是都因为经不起严格的科学检验而不能被确认为人类的古猿祖先。尽管如此，这些古猿毕竟是人类祖先的远房堂兄弟，从它们身上还是能够看到我们祖先的一些影子，因此值得在这里介绍给大家。在探索这段历史的过程中，科学家们还得到了不少间接资料，从而对古猿何时、何地、如何变成人，现代猿猴还能不能变成人等问题形成了一些看法，这些都是下文要说明的内容。

# 曾经的候选者之一

1856 年，在法国发现了森林古猿化石，科学家们认为这些森林古猿是人类的祖先。后来在欧洲、亚洲和非洲的许多地方，又发现了几十种与森林古猿大同小异、可以归入这一大类的动物。1965 年，美国人类学家西蒙斯和他的学生皮尔比姆综合研究了所有已经发现的各种各样的森林古猿类化石，他们主张：其中大多数种类可能是猿类的祖先或已灭绝的旁支，可能代表人类祖先的是出产于印巴次大陆的腊玛古猿、中国云南开远小龙潭煤矿的古猿和肯尼亚的肯尼亚古猿威克种。后来在匈牙利发现的鲁达古猿也被学界归入此类。

1975 年，在我国云南禄丰县石灰坝一个小煤矿发现了两个 800 万年前古猿的下颌骨化石，当时认为可能与产自巴基斯坦的两种古猿关系密切：一个标本被认为属于腊玛古猿，另一下颌骨属于西瓦古猿。接下来几年的发掘得到了大量的标本。经过研究，所有这些标本实际上都属于另一种古猿，被命名为禄丰古猿，并被认为可能是人类和非洲黑猩猩、大猩猩的共同祖先。后来这种动物的形态越来越清楚，有关的研究资料也越来越丰富，目前已经很少有人再认为它是人类的直系祖先了。

1987 年报道，在云南元谋竹棚村附近豹子洞箐和蝴蝶梁子的上新世地层中相继发现了似人似猿的牙齿化石，当时被分别命名为"东方人"和"蝴蝶人"，以为是比亚洲和欧洲所有已知的古人类都早的人类祖先。有学者还宣布在蝴蝶梁子发现了旧石器。当年底，云南省博

禄丰古猿

物馆邀集北京一些专家对这两批标本进行鉴定，笔者和多数专家明确否定了这两个名称，认为它们都属于第三纪的古猿，还否定了那些"石器"，个别专家犹豫不决。1988 年在蝴蝶梁子又发现了一个幼年的头骨，被认为可能与猩猩相去较远，而与人和猿的共同祖先的基干类型比较接近，被定名为禄丰古猿属的一个种——蝴蝶种。

20 世纪 80 年代后期报道，在四川巫山（现在归入重庆市）龙骨坡发现了一件下颌骨破片，当时被认为属于直立人。经过再研究，1995 年原研究者和一位美国古人类学者在英国《自然》杂志上发表论文称，那件下颌骨破片代表与非洲能人近似的古人类，这种说法受到一些学者的批评，不过原研究者和国内一些媒体却宣传是所谓"巫山猿人"。笔者经过详细比较和论证，发表论文主张，这件化石属于古猿，与禄丰古猿最为接近，肯定不属于人类。1995 年英国《自然》杂志那篇论文的美国作者于 2009 年又在同一杂志发表声明，承认那件下颌骨化石应该属于古猿。

# 曾经的候选者之二

　　1935 年，荷兰古生物学家孔尼华在中国香港中药铺的龙骨和龙齿里找到一颗特别像人牙、但是比人牙咀嚼面长度几乎大 1 倍而且齿冠高得多的臼齿。他给长着这颗牙齿的生物订立属名为"巨猿"，种名为"步达生"，以纪念最先研究北京猿人化石、1934 年逝世的解剖学和人类学专家步达生。后来孔尼华把这件标本带到北京，那时接替步达生在北京协和医学院研究北京猿人化石的是魏敦瑞。

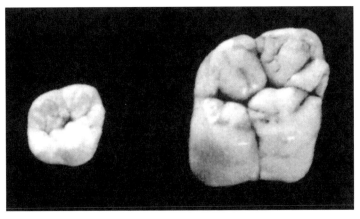

人牙（左）与巨猿牙齿（右）的对比

魏敦瑞在研究了孔尼华带来的巨猿牙齿之后，认为这种被称为巨猿的生物可能是人类的祖先，提出将其属名更改为"巨人"。北京猿人和尼人的牙齿都比现代人的大，魏敦瑞据此认为，人类进化的序列是：由巨人变为爪哇猿人，经过北京猿人、尼人到现代人，体型从大逐渐变小。后来孔尼华又在南洋一带的中药铺里收集了 7 颗可能属于巨猿的牙齿，他在 1952 年发表论文，同意把巨猿改名为巨人，但认为巨人只是人类进化系统上已灭绝的旁支，不是人类祖先。

那时，很多人都知道，每年中国有大量的龙骨和龙齿出口到东南亚。一部分采自华北的黄土高原，一部分采自华南的山洞。根据华南与华北在古动物群组成上的区别，孔尼华推测，巨人化石可能来自中国南部的山洞，但他无法知道具体的地点。此时已年近半百的古人类学家裴文中决定以找到巨人的老家为己任。因为广西很多山洞过去盛产龙骨，裴文中推测巨人的老家可能在广西。1955 年，他带领考察队去了广西，就地宣传寻找化石。根据群众提供的线索，考察队先后在大新县和柳城县的山洞中找到了巨人化石的产地，根据新发现的下颌骨的形态，裴文中决定恢复巨猿的名字，以后学者们也就不再将之称为巨人。古人类学家吴汝康在研究了从大新和柳城出土的巨猿的 3 件下颌骨和牙齿后，将巨猿归属于"生物人"，区别于我们和能制造工具的化石人所属的"社会人"。

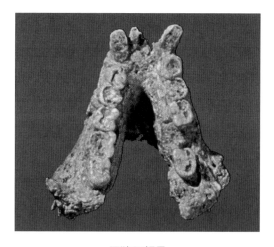

巨猿下颌骨

广西柳城楞寨山

巨猿下颌骨和大量牙齿
出土于此山半腰的洞中。

此后在广西的武鸣和巴马、湖北的建始、重庆的巫山和贵州的毕节又发现了巨猿的牙齿，在广东、广西和湖北的药材收购部门也找到了200多颗巨猿牙齿，估计是从上述各省区的山洞中出土的。

虽然迄今发现的巨猿牙齿已经超过一千，而且还发现过3件下颌骨，但始终没能找到四肢骨和颅骨，无法判断巨猿能不能直立行走。它究竟是猿还是属于人（族），至今仍是个谜。要揭开这个谜，关键在于找到颅骨和四肢骨等能证明行动方式的骨骼。目前可以肯定，巨猿是有些像猩猩却比猩猩大的动物。根据对伴生动物群的分析，巨猿大多生活在早更新世，其牙齿逐渐变大。巨猿消失的时间是中更新世。

有人曾经根据巨猿牙齿比现代人牙大一倍的尺寸推测它的身高至少为3米，实际上牙齿的尺寸与身高并不成正比，我们知道南方古猿粗壮种牙齿比现代人牙大得多，但是其身高才 1.35 ～ 1.5 米，比现代人矮。

# 关于古猿变人的几个疑点

到现在为止，对于人类如何与何时、何地起源于古猿还没有找到直接的证据，只能根据有关资料间接地去推测。

## （1）古猿在何时变成人？

古人类学者一般根据化石推测人和猿分离的时间。1965年以后，人们相信800万年前的腊玛古猿是人类世系的早期祖先，从而推测人和猿在腊玛古猿出现前不久分离。20世纪80年代，越来越多的腊玛古猿化石被发现，随着研究的深入，腊玛古猿被排出人类祖先的行列，古人类学家转而采纳分子人类学的推测。20世纪60年代，美国分子人类学家萨里西和威尔逊根据现代人和猿类生物化学构成的差异，推算出人和猿在历史上分离的时间大约在500万年前。虽然后来有少数学者推算出的分离时间更早，但是分子生物学家们大多相信500万年前甚至稍晚的年代是人猿分离的时间。2000年和2002年相继有人报道，在肯尼亚发现了大约600万年前的土根原初人化石和在乍得发现了700万～600万年前的撒海尔人化石。此后，分子生物学文献在谈到人和猿的分离时间时不再提500万年前，而是采用稍早于700万年前的数据。

## （2）古猿在何地变成人？

关于古猿在何地变成人，有一点是比较肯定的，人类不可能起源于美洲和澳大利亚：因为现在美洲没有猿类，只有猴子，在美洲也没有发现过古猿化石；澳大利亚连猴子也没有，更不用说有任何可能发现古猿化石的迹象。亚洲、非洲和欧洲都出土过很多古猿化石，散布在纬度比较低的地区。从 1965 年起，许多科学家开始相信腊玛古猿是人类祖先。其后曾有人推测以中国云南、匈牙利和肯尼亚三点构成的三角形区域是人类的发源地。不过这个三角形区域内的大部分早在恐龙横行的白垩世就已经下沉为印度洋的海底，只有靠其边缘的一部分陆地还可以考虑作为人类老家的候选地。

从 1959 年起，非洲东部的长条地带——东非大裂谷陆续出土了大量的早期人类化石，因此这里被认为最可能是人类的摇篮。2002 年在非洲中部的乍得也发现了迄今所知的最早人类，这使人们对人类摇篮局限于东非大裂谷的猜想提出了质疑。

## （3）古猿是如何变成人的？

20 世纪早期，科学家相信喜马拉雅山脉隆起导致山北的森林凋败，迫使古猿下地变人的假说。20 世纪后半叶，在东非大裂谷地带发现了大量有南方古猿化石的地点，其古环境大都是稀树草原，但科学家仍旧推测，作为人类祖先的古猿原先都在树上生活，后来居住地逐渐变得干旱，森林变得稀疏，林中食物资源随之变少，古猿不得不越来越多地到树下或林外的地面上寻找食物。这些地方自然没有树上安全，古猿没有坚牙利爪，也不能如羚羊那样快速奔跑以逃避猛兽的侵害，它们只能尽量发挥上肢的作用，手握当作武器的石块或树枝保卫自身。它们还会手握天然破碎的、带尖或刃的石片或折断的树枝，挖掘土里的块根、猎取弱小的野兽。在这种情况下，自然要用两腿担负行走的功能，将手完全解放出

古猿下地

来使用天然工具。手越来越灵活,腿越来越粗壮有力,足以独自担当使身体移动的功能。躯干竖立使头骨移到脊柱的上方,从颈椎到腰椎由于承受的压力逐渐增大,愈向下椎体变得愈大,并且使脊柱形成人类特有的弯曲:颈曲向前弯,胸曲向后弯,腰曲向前弯,骶曲向后弯。如此的弯曲可以缓冲跑跳时从地面传到头部的压力,保护脑子免受损伤。这时人类才算脱离了一般动物的范畴。我国古人类学家吴汝康认为,广义的劳动包括古猿用双手使用天然工具的活动。这种劳动促进了脑子的发展,脑子的发展反过来使得劳动者越来越熟练、越来越灵巧。在从猿到人进化的时间长河中,劳动和脑子的发展相互促进,使得人类的古猿祖先由低

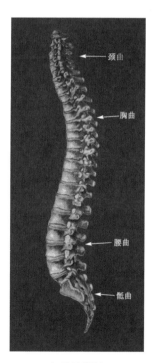

人体的脊柱

级向高级不断进化。脑子的发展为思维的发展提供了物质基础。当手边没有合用的现成天然工具时，思维发展到一定程度的人类祖先便会联想到，过去见过自然界中一块石头从高处落下，或者自己玩耍时砸碎石头，产生带刃或带尖的石片的情景，进而联想到试一试用自己的手握着一块石头，使劲打击另一块石头，希望能产生同样的效果。这时，人类不再仅仅利用自然界中现成的物件，而是会根据自身需要用自己的双手改变自然界物体的形状——人类开始制造石器了。也许在制造石器之前，人类曾经以其他材料制造工具，但是能保留下来被我们发现和研究的最初工具只有石器。迄今为止人们所知最早的石器是在洛姆奎第三地点发现的，石器的制造年代是距今 330 万年前。

早期人类要与自然界对抗，必须发挥群体的力量，个体之间的协作促进了高等灵长类中本已存在的社会化习性，发展出人类社会。社会的发展反过来促进人际交流和大脑的发展，使人类祖先的发声器官向语言器官转化，进而产生了语言。社会活动和语言与脑子的发展相互促进，使人类不断地进化。

近年来发现，比 300 万年前更早的人类——撒海尔人、土根原初人、两种地猿和南方古猿湖泊种、扁脸肯尼亚人等的生活环境都是森林，南方古猿阿法种的生活环境比地猿生活的森林更稀疏些，晚于 300 万年前的多种南方古猿的生活环境才变成开阔的草原或湖边。由此推想，古猿下地不是由于森林凋败——在森林环境中就已经练成了两足直立行走的本领。

**（4）现在的猿能变成人吗？**

有人听说过"古猿变人"，又看见动物园里的猿在许多方面确实有几分像人，他们或许会问：现在的猿将来能不能变成人？答案是：不能。人和现代猿是从共同祖先分出的两个支脉。现代猿的祖先长期在热带密林中生活，它们用前肢在树枝之间攀缘，用手像钩子那样挂在树枝上，

人手（左）和猿手（右）的比较

因而前肢变长，大拇指变小，后肢变弱。现代猿的后肢不能长时间地独立担当使身体移动的功能，因而无法将前肢解放出来灵活地使用天然工具。而且现代猿的大拇指太短，不能与其他四指有力地对握，不能紧紧握着树枝或石块当武器和工具。即使现代猿的生活环境恶化，树林变稀疏或消失，也没有足够长的时间能让现代猿的大拇指再变长、变大到足够有力，前肢再缩短，后肢变粗壮到可以独力负担其体重。总之，它们不能长时间直立着躯干只用两条腿走路、用手抓着树枝或石块谋生和抵御敌人，它们无法适应树木很少的环境，不能进化成人，只能被淘汰。

# 我国的猿人是我们的祖先吗？

  我们是谁的后代？我们的祖先来自哪里？自从20世纪20年代在北京周口店发现猿人化石以来，中国人都相信我们的祖先来自周口店。1965年发现了更早的猿人——元谋猿人，说明我们更早的祖先还是在中国。20世纪中后期，非洲出土了大量比180万年前更早的人类化石，这使我们推测180万年前的祖先很可能来自非洲。以上所指都是与我们面貌大不相同的古老型人类，而与我们面貌基本一致的现代人的祖先又在哪里呢？

  1987年，美国三位遗传学家提出一个假说，主张现代人的共同祖先是20万年前非洲的一位女性，她的后代在大约13万年前走出非洲成为非洲以外所有现代人的祖先，这就是"出自非洲说"或称"夏娃假说"。为了与大约180万年前人类第一次走出非洲的事件相区别，更准确的称谓应该是"近期出自非洲说"。1999年起，有多篇关于现生中国人Y染色体的遗传学论文认为，6万年前有一批非洲移民来到中国完全取代了原住民，因此中国人全都是6万年前到来的非洲移民的后代。如此说来，不只是中国的猿人，甚至比6万年前更早的全部中国化石人类都不是我们的祖先了。

不过有的学者坚持认为，现代人的祖先不像夏娃假说所主张的那样简单划一，除欧洲现代人的祖先主要来自非洲外，东亚现代人的祖先主要是本地的古老型人群；澳大利亚土著的祖先主要是东南亚的古老型人群。也就是说，仍旧认为中国的化石人类是现代中国人的祖先。这种学说被称为多地区进化假说。

到底哪一种主张更有道理呢？

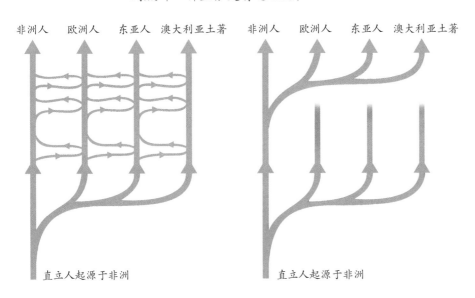

多地区进化假说（左）和夏娃假说（右）模式图

# 夏娃假说和非洲多地区假说

1987 年，三位美国遗传学家联名在英国《自然》杂志上发表论文称：根据对祖先来自欧洲、亚洲、非洲和大洋洲的人胎盘细胞线粒体的研究结果，祖先来自非洲的人 DNA 变异比来自其他大洲的人都多。一般认为，线粒体变异的产生速率是恒定的。线粒体产生的变异越多，意味着积累这些变异的时间越长，因此非洲黑人的历史比其他地区的人都长。根据非洲黑人和非洲以外的人线粒体 DNA 变异的数量和当时所认为的变异速率，上述论文的作者们计算出非洲黑人的历史平均约为 20 万年，非洲以外地区的人的历史平均只有大约 13 万年。

在男人的精子进入女人的卵子形成受精卵时，只有精子的头部进入卵子，尾巴留在外面，不参与受精过程。而线粒体在精子的尾部，所以下一代得自父亲的遗传物质只包括精子头部的细胞核，不包括父亲的线粒体，也就是说子女的线粒体只来自母亲，与父亲无关。上述论文的研究对象是线粒体，所以是经过母系向上推的，最后推到 20 万年前的一位非洲女性，她被认为是现代人的共同祖先。基督教《圣经》里说，人类最早的母亲名叫夏娃，所以这个理论又被称为"夏娃假说"。这个假说主张，夏娃的后代在大约 13 万年前走出非洲来到亚洲和欧洲，虽然可能在非洲以外的广大地区与当地原有的古人类相遇，但因为两者属于不同的物种，相互之间不能杂交，结果完全地取代了原来生存在亚洲和欧洲的古老型人类，包括尼人和中国等地比 13 万年前还早的所有化石人类。所以夏娃假说又被称为"完全取代假说"。此假说一经问世，便风靡整个西方世界；但在中国，直到 1998 年以后才逐渐广为人知。

自夏娃假说出现以来，许多分子生物学者从不同角度、以不同材料继续对现代人起源问题进行研究。虽然大多数结果表明，世界各地的现代人都源自非洲的一小群共同祖先，但是不同研究组对这群祖先出现年代的研究却得出相差很大的数据，最初是大约 20 万年前，近些年最流行的说法是大约 14 万年前。现代人走出非洲的时间也不再是 1987 年得出的 13 万年前，近些年最流行的说法改成大约 6 万年前。夏娃假说据以计算年代的基因突变率恒定假设也受到严重的质疑，英国《自然》杂志 2015 年 3 月报道，人类基因组中的基因突变率难于确定。

2018 年有人提出现代人起源的非洲多地区假说，重申现代人主要起源于非洲，但不限于非洲某一地区的某一单一群体，而是起源于非洲多地早期现代人群体，是他们在演化过程中大洗牌产生的结果。而后早期现代人群体扩散到亚洲和欧洲，并取代了当地的原住民。2017 年有学者详细研究了捷拜尔依尔和的 10 号与 1 号颅骨标本，经多变量分析表明其在近代人变异的范围内，属于智人的早期阶段。这些颅骨过去用铀系 / 电子自旋共振测得年代为距今 16 万 ±1.6 万年，近年经热释光测得年代为距今 31.5 万 ±3.4 万年。

# 多地区进化假说

在夏娃假说问世前 3 年，沃尔波夫、笔者和桑恩联名提出了一个关于现代人起源的假说——多地区进化假说，主张世界上四大地区现代人的来源都与该地区更古的人类不可分割，比如，东亚现代人主要源自中国的古人类，澳大利亚土著人的祖先主要来自印度尼西亚的爪哇，欧洲现代人与尼人有遗传联系等，证据主要来自对化石形态的研究。该假说论证各地区人群之间有基因交流，将他们维系在一个多型的物种内。

究竟哪个假说更接近实际情况呢？我们以中国为例检验一下。

### （1）化石的证据

迄今为止，在我国曾报道过人类化石的地点有 100 余处，这些人类化石具有一系列共同的形态特征：上面部低矮；面部扁平，表现

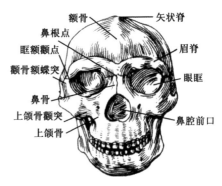

北京猿人复原颅骨（前面观）

为鼻颧角*大，颧骨额蝶突前外侧面的朝向比年代相当的欧洲和非洲标本更偏向前方，颜面中部较欠前突；鼻区扁塌；眼眶和鼻腔前口之间骨面平或稍凹；眼眶呈长方形，外侧下缘圆钝；上颌骨颧突下缘弯曲；额骨与鼻骨和额骨与上颌骨之间的骨缝构成一条大致水平的横弧线；有或强或弱的矢状脊；额骨正中轮廓线最突出处在其下半；颅骨最宽处在颅长的中三分之一段；上门牙靠近舌头的那面呈铲形等。虽然这些特征在其他地区也有出现，却没有在中国那样普遍，所有这些特征组合在一个颅骨上出现的情况在其他地区更是没有。此外，6 例北京猿人头盖骨中有 4 例有印加骨（参见第 73 页），从大荔、许家窑和丁村出土的顶骨化石上后角，石沟和穿洞出土的枕骨的上部形态判断，印加骨在我国早期和中期化石中可能有相当高的出现率，而在非洲和欧洲的化石人中则没有见过这种构造。共同特征的存在显然源于古人类在这个地区的连续发展。

中国的人类化石在生物学分类上可以分为直立人和智人两个古生物种或时间种。从 1977 年起，国外许多古人类学者提出，直立人有一系列独特的特征，这些特征在智人中没有——如具有矢状脊、角圆枕、脑颅在眼眶后方重度缩狭、枕部呈角状弯折而不是像一般智人那样呈圆钝状过渡、颞骨鳞部低矮、头骨狭长、骨壁很厚等，从而主张两者没有祖先和后裔的关系。实际上，中国有些智人化石具有被那些学者认为不见于智人却为直立人独有的特征，如：大荔、马坝、资阳等地头骨的头顶有矢状脊；大荔和资阳的顶骨有角圆枕；马坝头骨眼眶后方重度缩狭；大荔和金牛山头骨的枕部呈角状弯折如直立人，而不是像一般智人那样呈圆钝状过渡；资阳头骨的颞骨鳞部低矮；山顶洞头骨狭长的程度比直立人还重；大荔和许家窑头骨的骨壁很厚等。此外，和县直立人的眼眶后

---

\* 人类学家在骨骼上确定一些标志点以测量一些特征的角度。鼻颧角是以鼻根点与两侧眶额颧点的连线构成的、以鼻根点为角顶的角。角度越大，上面部越扁；角度越小，上面部越向前突出。

方收缩程度很轻，颞骨鳞部的高度达到了解剖学上现代智人的水准。这些特征表明，中国直立人和智人在形态上处于"你中有我，我中有你"的状态，两者之间没有泾渭分明的界线，这也是中国直立人与智人连续进化的证据。

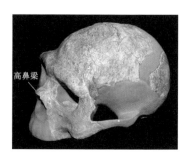

南京头骨侧面观

有少数中国人类化石头骨存在着个别与本地区其他头骨不同的特征，比如：南京直立人鼻梁高耸；大荔头骨眉脊中部比内外侧部厚得多，眼眶与鼻腔前口间的骨面隆起；广东马坝头骨的眼眶呈圆形，其外侧下缘锐利；柳江、资阳、丽江和穿洞头骨的枕骨有发髻状隆起；许昌和巢县（今巢湖市）的枕骨有枕外隆凸上小凹；山顶洞102号头骨眼眶外侧骨柱前外侧面比较朝向外侧；许家窑和许昌颞骨的内耳半规管结构布局特殊，许家窑下颌和云南马鹿洞下颌有臼齿后空间；丽江头骨第一上臼齿有卡氏尖*等。南京和大荔头骨的这三项特征常见于非洲和欧洲中更新世人；马坝、柳江、资阳、丽江、穿洞、山顶洞和许家窑头骨的这几项特征则是欧洲尼人中特别多见的特征；丽江头骨的卡氏尖在东亚罕见，而在欧洲白人中多见。迄今为止在中

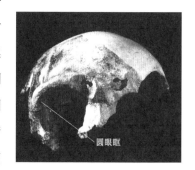

马坝头骨

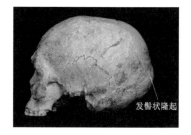

柳江头骨

国更早的化石上没有发现上述各项特征，也就是说找不到其基因的来源。因此，与中国化石中上述特征有联系的基因可能来自旧大陆西部。

---

\* 卡氏尖指第一上臼齿的一个齿尖。

广西崇左智人洞出土的大约 11 万年前的人类下颌骨化石具有现代人的颏隆凸的雏形（参见第 90 页），体现从古老型智人向解剖学上现代的智人的转变。山西丁村、贵州盘县大洞、湖北郧西黄龙洞和湖南道县福岩洞出土的人牙化石都明确地表现了解剖学上现代的智人的特征，而年代都远远早于 6 万年前，表明中国化石人类牙齿的现代人特征与下颌骨的颏隆凸构造一样也更可能是本地进化中的产物，不是 6 万年前由非洲来的移民带进来的。

连续进化使现在的东亚人与欧洲白人、非洲黑人、澳大利亚土著人区别明显，而通婚和性行为引起的基因交流仍可以使各地区的人继续保持在同一个物种（智人）内。

### （2）近代人形态特征的证据

将东亚人与非洲黑人进行比较，也能看出不利于夏娃假说的形态特征。其一，东亚现代人上颌门齿釉质延伸的出现率为 53%，鼻梁有 10% 呈夹紧状，颅骨顶有 6% 呈两面坡状，下颌圆枕 * 的出现率为 3%；而在非洲黑人中，这些特征的出现率都是 0 。如果东亚人的这些特征完全来自非洲的现代人祖先，为什么这些祖先的上述特征在其原地的后裔——非洲黑人中却毫无痕迹？南京、大荔、马坝等颅骨的鼻梁呈夹紧状，中国的直立人和大荔颅骨等的颅顶呈两面坡状，北京猿人有下颌圆枕。与其说东亚人的这些特征来源于非洲的现代人祖先，倒不如说来源于中国的上述化石人。其二，在东亚人中，铲形上门齿的出现率为 90% 上下，在非洲黑人中，只有 10% 上下；有 46.7% 的东亚人上下颌骨里没有第三臼齿的胚芽，终生长不出第三臼齿，这种情况在非洲黑人中只有 8%。中国迄今发现的上门齿化石有 20 多颗，全是铲形，蓝田陈家窝直立人下颌

---

* 下颌圆枕指下颌牙齿内侧的骨骼表面上的小圆鼓包或纹状隆起。

骨和柳江智人化石都是先天就没有第三臼齿，而这两项特征在非洲的更新世人属化石中至今未见报道。与其说东亚人的这些特征来源于非洲的人属化石，倒不如说是源自中国的上述化石人。

**（3）旧石器的证据**

前文中简略提到过非洲、亚洲（主要是中国）和欧洲各阶段古人类的旧石器制造技术，综合已发现的材料可以看出：从 170 万年前的元谋猿人遗址到 1 万年前，中国旧石器的制造技术为第一模式主导，在现有的超过 2,000 处地点发现的石器中，只有很少数不仅表现出第一模式，还表现出其他模式的技术。而在非洲和欧洲，虽然 330 万年前开始时是第一模式，但是到大约 170 万年前，主导技术变成第二模式，到大约 20 万年前发展出第三模式，欧洲到大约 3.5 万年前发展出了第四模式。总之，旧石器时代打制石器的技术在非洲和欧洲是一级一级向上发展的，而在中国却基本上长期是以第一模式贯彻始终，只有很少数地点存在属于其他模式的技术，表明可能与西方有少许文化交流。东亚与西方在旧石器文化发展的具体进程和传统上显然不同，这种差别从另一角度支持了中国古人类"连续进化附带杂交"的学说（参见第 156 页），同时也是对现代人多地区进化假说的支持。

或许有人会强调，西方有的技术在中国也能见到，因而东方与西方在旧石器发展传统上没有什么不同。这种想法的错误在于，没有分清主流和支流，无视各种类型石器出现于中国和西方的数量和比例差别极大。还有人担心承认了这些事实，就等于承认我们的祖先长期停滞不前、不求进步。其实，这种顾虑是没有必要的，各种模式制造出来的石器在使用效率上难分高低：用以粗放技术制成的石器砍树，丝毫不比经过精心修理边缘齐整的手斧效率低；与用第三模式技术精心修制的刮削器和尖状器相比，用第一模式粗放的技术做成的石器剥兽皮、割兽肉，功效也难分上下。所以，从工具效率的"投入产出比"来看，中国的古人还比非洲和欧洲的古人更胜一筹呢。关于古人的事，我们知道的很不够，也许西方古人不断改进石器制作技术，不光是为了提高劳动生产率，而是另有原因——比如，体现某种审美意识的发展。他们愿意用闲暇时间制作很美观的石器，也许是为了吸引异性的关注呢。中国古人审美意识的发展有可能表现在其他事物上，没能留下实物证据供后人发现和研究。当瓷器和丝绸已经是中国寻常百姓的日常用品时，这些"中国制造"还是欧洲宫廷和贵族高身份的象征呢。现在的欧洲人对此并不自惭形秽，我们何必讳言自己的祖先在旧石器技术发展上比较"落后"呢？应该看重的是当前物质文明和精神文明的发展高度以及今后的发展前景。

20万～10万年前，非洲的石器制造技术属于第三模式，考古学家在巴勒斯坦和以色列地区一些地点发现了许多9万～5万年前左右用第三模式技术制造的石器。因此夏娃假说所主张的夏娃和她的子孙在非洲采用的石器制造技术和迁移到西亚的后代采用的石器制造技术都属于第三

第三模式技术的产品
——莫斯特尖状器

模式。如果历史真像夏娃假说和后续研究主张的那样，夏娃的后代在6万年前到达中国完全取代了原住民，那么从距今6万年前开始，中国制造石器的技术应该突然从第一模式变成第三模式，但是事实远非如此——在6万年前之后，中国制造石器的技术仍旧是第一模式。既然第三模式在技术上比第一模式更精良、更复杂，很难想象掌握第三模式技术的人会在到达中国后，放弃自己惯用的技术，反而采用被他们取代的人所使用的比较粗放的第一模式技术。因此，夏娃假说与古人在中国遗留的大量石器所反映的历史客观情况有着无法调和的矛盾。

## （4）古环境的证据

既然近代欧洲殖民者来到美洲和澳大利亚之后，没能避免与当地土著人通婚或发生性行为而产生杂交后代，6万年前非洲移民如何能完全取代原来住在中国的人，却从不与后者发生杂交呢？主张6万年前中国居民被完全取代的学术论文用地球冰期来做解释，认为那时地球正值大冰期，严寒使中国成了无人之境，因此不会发生与非洲移民的杂交。但事实上冰期给世界各地带来的影响大不相同。欧洲、亚洲和北美洲的高纬度和高海拔地区在冰期时的确被大冰盖覆盖，而赤道地带却气候温和。那时中国南方是猩猩、大象、犀牛等动物的乐园，现今长城以南、长江以北的东部地区也有大量大象、牛、马、羊和猪生存，这是有大量化石为证、谁也否认不了的事实。这些只能在温暖地区生存的动物能活，为什么人活不了？更何况，原住民总该比来自非洲而且经过南亚和东南亚炎热地带的远方来客更加适应本地的环境吧。

猩猩

北京山顶洞、山西峙峪、内蒙古萨拉乌苏、浙江桐庐、四川资阳、云南呈贡、广西咁前洞和远在东北的辽宁庙后山东洞等地都有人类化石被发现，都是有人类存在的直接证据。贵州水城硝灰洞，河南织机洞，河北迁安，宁夏水洞沟，四川资阳和铜梁，山西下川、峙峪和柴寺，广西柳州白莲洞，河南小南海，远在东北的辽宁小孤山和庙后山等处的石器也都是有人类存在的有力旁证。经放射性碳或铀系法等同位素技术测定，所有这些化石和石器的年代的确都在大冰期之中。

# 解读基因研究结果需要谨慎

近年来，越来越多的分子生物学研究结果表明，由活人的基因研究得出的现代人最近共同祖先出现的年代最晚的才 5.9 万年前，早的可以达到 500 万年前，相差几十倍。孰是孰非，令人很难解释。研究还表明，基因突变的速率并不是恒定的。

应当承认，从共同祖先传到现代所产生过的基因变异不可避免会有许多丢失，能在活人中测出来的变异量肯定比整个发展过程中产生过的基因变异量少得多。由此看来，用活人基因变异的量推算共同祖先的年代，恐怕很难与实际情况符合。2002 年发现，澳大利亚 4 万年前蒙戈湖人类化石的线粒体中有基因在所有近代人的线粒体中都找不到，却存在于第 11 号染色体中。这说明在人类进化过程中，有的基因会转移位置；同时意味着在用现在活人的基因组研究古人的历史时需要保持必要的谨慎。

再者，过去的研究对象往往局限于少数几个基因位点，比如对中国现代人起源的研究只限于 Y 染色体的若干位点，因此只能反映很局部的情况，难以代表整体。美国国家科学院院士李文雄科研团队于 2000 年、2001 年和 2002 年分别发表了有关第 22 号、第 1 号和 X 染色体多态性的

143

论文，结果都不支持主张非洲以外地区的古老型原住民被出自非洲的现代人完全取代的夏娃假说。李文雄等人在 2002 年发表论文写道："最后，重要的是要认识到，人类基因组的每一位点只能记录人类历史的一个片段，不同位点可以具有不同的谱系。因此从不同位点得到的结论不可避免会是相互冲突的。只有在进行了足够多的研究之后，我们才能对现代人的历史取得共识。"

由于有这么多问题影响根据活人基因研究人类历史的可信度，人们试图从化石获得 DNA，希望能得到比用现生人的材料更好的结果。1997 年开始从尼人化石中成功提取了 DNA，但是一次最多只能提取 300 多个碱基对，而人的细胞有 30 亿个碱基对。1999 年在《美国国家科学院院刊》上发表的关于尼人基因的论文显示，作者从线粒体提取出 333 个碱基对，分析了超变异区 I 的 312 个碱基对，发现尼人与智人之间差异为 25.6±2.2，小于两对黑猩猩亚种间的差异（西部和中央区两个黑猩猩亚种间的差异为 36.2±6，西部和东部两个黑猩猩亚种间的差异为 33.0±4.5），只大于中央区和东部两个黑猩猩亚种之间的差异（19.7±2.9）。根据这样的数据，似乎理应认为尼人与智人之间的差异不大于亚种间差异，即两者属于同一物种，从而可以杂交，但该文作者得出的结论却是，尼人与智人不能杂交。有趣的是，2010 年的新研究成果推翻了这个结论。

基因分析的实验成果可以很客观，但人类历史受制于多变的自然环境以及人类社会本身诸多错综复杂因素的影响，由基因分析的实验成果推导人类历史难免需要配合一些假设，例如计算最近共同祖先出现的年代公式中有两个参数——"有效群体大小"和基因突变率，前者只能假设，后者有多个数据可以选用，如何取舍都回避不了主观因素的影响。因此通过基因研究人类历史需要谨慎。

# 共识的开端

早先由于观察到尼人的一些形态与现在的人相差太大而且生存时代之间相距太短，因而认为两者没有遗传联系，即使相遇也不能杂交。近年来据多位美国古人类学者报道，尼人突出的鼻根、乳突结节 *、横置下颌孔 ** 等多项形态特征也存在于其后的智人，表明尼人与智人有遗传联系。1999 年，在葡萄牙发现的尼人和智人混血的小孩化石等表明，尼人与智人有杂交。从 1988 年起，笔者发表文章指出，在中国的人类头骨化石上有多项特征表明，尼人与智人有杂交，但是活人 DNA 和古 DNA 研究的大量结果仍旧显示尼人与智人没有杂交。因此这些古人类形态信息未能得到应有的重视。

2007 年，研究人员在尼人化石 DNA 中发现了关联语言能力的 FOXP2 基因，这是遗传学者首次在分子生物学研究中发现尼人与智人之间发生过杂交。2010 年，根据多次提取得到的多得多的基因，德国马普

---

* 乳突结节位于乳突前上部的外表面。其出现率在欧洲尼人中为 35%；在早期智人中为 20%；在现在的欧洲人中为 0。
** 下颌骨分为两部分，分别是前部的下颌体和后部的下颌支。下颌孔位于下颌支内侧面的上中部。横置下颌孔的出现率在欧洲尼人中为 53%；在早期智人中为 18%；在现在的欧洲人中为 1%。

进化人类学研究所有了重大发现——现在的智人基因组中有 1% ～ 4% 的基因来自尼人。关于尼人与智人有否杂交的争论至此开始出现共识。近年来，美国科学家韦尔莫等研发出一种新方法，对超过 600 位来自欧洲和东亚的当代人的全基因组序列进行测序，并比较了远古人与现代人的基因组序列。他们于 2014 年在美国《科学》杂志上发表论文指出：尽管在任意一个现代人身体内存在的尼人基因序列的总量相对很少，但是在所有现代人中持续存在的尼人基因的累积量能达到 20%。他们认为现生人中保留的尼人基因可能更多，而且因人而异，因此需要大的样本规模才能做出准确的估计。

在上述这些新信息的基础上，科学界已经达成共识——夏娃假说主张非洲移民"完全取代"其他大陆原住民的论断是不符合事实的，原来相信夏娃假说的学者正趋于改信"同化假说"。后者与多地区进化假说虽有共同点（各地区的古老型人类对现代人有基因贡献），但仍旧不能完全兼容，主要区别是：多地区进化假说认为不同地区的情况各有不同，东亚的情况是以当地古老型人群连续进化为主、吸收外来的基因为辅，澳大利亚的智人主要来源于印度尼西亚和东亚南部；而同化假说则将东亚和澳大利亚的情况等同于欧洲的情况，认为都是以非洲移民取代当地原住民为主，当地古老型人类的基因只起附带的作用。后一种看法与东亚已有的大量人类化石和旧石器所呈现的人类进化格局是无法相容的。

尽管如此，多地区进化假说和同化假说都赞成包括中国的猿人在内的许多化石人是我们中国人的祖先；不同的是，同化假说主张中国的化石人只是中国现代人祖先中的一小部分。

通过基因探索现代人历史的研究方兴未艾，最近不断传出以往的结论被新的研究成果改写的消息。越来越多的新化石和遗传学的研究成果告诉我们：现代人和最古人类的起源和进化远比过去所认为的复杂得多。

# 7

# 学业、职业、感悟与展望

　　笔者1928年生于安徽合肥（当时是个小县城）城内西大街（现名安庆路）中段河平桥迤西。祖父吴道甫是前清秀才。父亲吴瑞庭在弟兄6人中最小，只读过私塾，纱布号学徒出身，先后为太平银行和上海商业储蓄银行出纳员，直至50岁因脑溢血去世。母亲蔡贤略识文字，在家相夫教子，是我的启蒙老师。我成长于这个略承书香、尚可温饱的家庭，在经历了抗日战争、三年内战和新中国成立前后的鲜明对比之后踏入社会。我自幼身体瘦弱，九十岁以后尚能工作，主要得益于尊重生命规律、不抽烟、不饮酒、不馋、不懒、不暴殄天物、按时作息和心态平和。1939年8月，日寇轰炸四川乐山，我家全部衣物被烧毁，但人幸存。以后每逢坎坷不顺，即回想起这段死里逃生的经历，心态自归平和。

　　我没有显赫的家世，也没有超常的天赋，年少时家境不丰，走上现在的道路确实有很多偶然性。虽然古人类学研究不是我最初的理想，但后来我边干边学爱上了这一行，现在它已经成为我生命的一部分，一直伴随我走过了整整一个甲子的时光。在这里，我愿意将我的人生经历与广大读者分享，希望对年青一代能有所启发。

# 一波三折的学业

　　我 9 岁到 17 岁的时光是在我国对日本帝国主义进行全民族抗战中度过的。1937 年时我才 9 岁，日寇挑起"八一三"淞沪战役将战火延烧到距我家乡不远的上海，合肥驻军旅长郑廷珍率部奔赴上海前线。我听大人们说，他在告别乡亲时对士绅们说："此去抱必死决心，我们的家属将为孤儿寡妇，就只能拜托乡亲们照应了。"这一记忆为我思想的成长画上了浓重的一笔。1938 年夏我随全家历经艰辛逃难到四川乐山。那段时间大后方物资

国立上海医学院同学习小组同学合影
右起第 4 人为我；第 7 人为韩济生，现在是中国科学院院士。

匮乏，人民营养不良，我自然不能例外。那时我身体瘦弱，面如菜色，加之母亲多病，因此从小立志学医，1946 年考入国立同济大学医学院。按照规定我们本应在新生院学一年德文，但是由于时局的原因，只能学

习三个多月，同学们担心暑假后适应不了用德文学习本科课程，1947年夏纷纷报考用英语教学的其他医学院。我与贾士铨同学被国立上海医学院（现复旦大学上海医学院）医本科录取，经过4年多在教室、实验室和公共卫生野外基地的学习后，又在上海红十字会医院（现华山医院）各科轮流实习了8个月。那时我的理想是毕业后成为一名正式的人民医生，为解除人民大众的病患痛苦和提高他们的健康水平尽力。但学业结束时正赶上国家需要扩大医学院的招生规模，中央卫生部决定我们这一届学生参加高级师资进修班，每人重点进修一门医学基础课，学习一年后充实各个医学院的师资队伍。当时新中国刚成立不久，大学生都意气风发，以国家利益为重，无条件服从国家统一分配。我也毅然放弃向往多年的医生职业，服从分配来到大连医学院（现大连医科大学）进修基础医学中的人体解剖学。进修期间参加了学院组织的俄文突击学习班。1953年，我在大连医学院留校任助教。

中央卫生部1952年高级师资进修班大连医学院全体进修生结业留影纪念

第3排右起第5人为我，第2排右起第3人为我的爱人蒋景仪，最后排右起第3人为韩济生。

在解剖教研组工作期间，我逐渐加深了对教材的掌握，两年后不但能够胜任教学任务，还有富余的时间。1955 年，国家号召向科学进军，我打算跟随年资较深的老师做些科研，可能的方向有两个：一是跟随唐竹吾讲师研究神经解剖；二是跟随吴汝康教授研究人类学。当时吴教授被中国科学院古脊椎动物研究室（中国科学院古脊椎动物与古人类研究所的前身）聘为兼职研究员，每年有 3 个月在北京研究人类化石。1955 年，中国科学院开始招考副博士研究生，由于大连医学院领导不同意，我未能报名应考。次年冬天，中国科学院改变招生章程，考生报名不需经过原单位同意，我才得以如愿报考。我知道新中国成立前研究中国人类化石（当时研究对象只有北京周口店的北京猿人与山顶洞、内蒙古萨拉乌苏的化石）的有北京协和医学院解剖科主任加拿大人步达生和接替他的犹太人魏敦瑞，他们也是解剖学者，我与他们是同行。出土的古人类化石主要是远古人的骨骼和牙齿，对它们的研究是人体解剖学中骨骼学的一个组成部分，因此我将研究方向定在解剖学的这一分支——骨学，报考了研究人类化石的古人类学专业，并被录取，师从吴汝康教授。

研究古人类学需要解剖学知识；因为化石的年代和古环境对探讨它的意义关系很大，所以还需要与之相关的地质学知识。为此，我到北京地质学院（现中国地质大学北京校区）学习普通地质学和岩石学，跟随老师在日常的野外工作中学习第四纪地质学和地貌学知识。1957 年全国开展帮助党整风、"大鸣大放"和反右派斗争运动，1958 年在包括中国科学院在内的高级知识分子"成堆"的地方开展 "拔白旗运动"，研究生培养处于放任自流的状态。1961 年，中国科学院发出指示，研究生可以在通过论文答辩后结业。此前我已经发表了有关山顶洞人种族问题的研究论文，这时再充实些内容，顺利通过了答辩。此后我一直留在中国科学院古脊椎动物与古人类研究所从事科研工作，历任助理研究员，副研究员，研究员，副所长；1999 年当选为中国科学院院士。

# "先结婚后恋爱"

2013年重返郧西白龙洞

每年我们有至少三四个月到全国各地调查古人类化石，其余时间在北京，但是得到人类化石的机会很少。我只是在主持湖北郧西白龙洞发掘时得到过几颗猿人的牙齿，在河南淅川药材仓库的大量龙骨、龙齿中和中药店的抽屉里找到过几颗猿人和智人的牙齿化石。1976年唐山发生了大地震，震后不久山西省文物管理委员会要发掘丁村遗址，请我去协助主持。当年9月，发掘工地出土了一块小孩的顶骨化石。这在当时可算得上是一项重大发现。

如果能得到人类化石，我会全力投入研究和发表论文，但是得到化石的机会实在太少。我觉得不应该把所有时间都用于阅读文献，便利用在北京的时间协助导师做些体质人类学的工作，如编写《人体测量方法》

151

和到海南岛进行少数民族体质调查等。我还带领昆明动物研究所的同行就调查野人时获得的长臂猿尸体撰写了《长臂猿解剖》一书，开创并推动了我国的灵长类解剖学研究。此外我在中国人髋骨的性别差异和判断、锁骨的年龄差异和判断等方面也发表过一些论文，为我国的法医人类学做了些开创性的工作。

《长臂猿解剖》封面

1977 年以后，我利用屡次接受国外资助出国考察、开会和合作研究的机会，研究了法国阿拉戈的头骨化石、澳大利亚库布尔溪的下颌骨、科阿沼泽和蒙戈湖的头骨化石，还通过查阅文献资料对日本港川和宫古岛、菲律宾塔邦、马来西亚尼阿洞、印度尼西亚瓦贾克以及在欧洲和非洲一些地方出土的人类化石进行研究，并发表了相应的论文。

此外，我还研究了北京猿人是否会用火（参见第 79 页和 80 页），被错订的"东方人"和"蝴蝶人"以及被讹传多年的"巫山猿人"（参见第 123 页）的相关资料，发表文章对这几个问题进行澄清。

1976 年起，随着年资的增长，我觉得应该做一些综合性和理论性的研究工作。以下是我在古人类学理论研究方面工作的些许成绩。

### （1）提出和发展关于现代人起源的多地区进化假说

1976 年是恩格斯写作《劳动在从猿到人转变过程中的作用》一文 100 周年，研究所要举行纪念活动。古人类研究室支部书记陈祖银建议我对多年来研究中国人类化石的结果发表一些综合性的看法，我便与张银运一起发表论文，综合当时我国已经发现的人类化石的形态特征指出：

中国人类化石"在体质特征上存在着明显的相似性，他们之间的体质发展有着肯定的连续性"，但是"并不排除与邻接地区交流遗传物质的可能性"。

中国古人类连续进化说最初是魏敦瑞在研究北京猿人化石时提出的。他举出的证据是北京猿人与黄种人之间在形态上有 12 项共同特征，其中有一些证据（如旁矢状凹、外耳道骨质增生、下颌圆枕等）被后人的研究否定——这些特征的形成是由于其他的原因，不足以证明北京猿人与黄种人之间的连续性。他的假说不能为其他学者接受的另一个重要原因是他和他的维护者犯了理论上的重大错误。按照常理，相互隔离的生物群体之间应该随着时间的推演渐行渐远，也就是说差异越变越大；但人类化石显示的事实正好相反，远古时期各个地区人类之间的形态差异很显著，而现在全世界各地区人类之间的形态差异却很小。魏敦瑞对这个现象的解释是，在人类进化的过程中有一种天生的、内在的力量，使得各个地区的古人类朝着一个共同目标进化，导致其间的差异越来越小（现在我们知道是因为进化过程中有基因交流）。他不能说明是谁设置了共同目标以及是什么力量使人类向这个目标进化，再加上当时中国人类化石很少，在 50 万年前的北京猿人和现代人之间缺乏中间环节，很难有人愿意接受他的理论。1949 年以后我国出土了不少人类化石，在一定程度上填补了北京猿人与现代人之间的"缺环"，这为连续进化说增添了过硬的证据。1965 年，美国哈佛大学的库恩在其《人种起源》一书中引述了这些新发现的化石，试图发展魏敦瑞的理论。他进一步提出，各个地区古人类在不同时间跨过直立人与智人之间的门槛——欧洲人最先，澳大利亚土著的祖先最后跨过这个门槛。这种说法更强调了魏敦瑞原本就已提出的各地区人类世系之间的隔离性和独立性。那时美国正处在反种族主义运动的高潮时期，人们将库恩的观点与种族主义挂钩，于是魏敦瑞的理论随着库恩的观点一起被人类学主流抛弃了。

美国学者沃尔波夫曾与澳大利亚学者桑恩合作提出过爪哇到澳大利亚古人类的连续进化。在得知我关于中国古人类连续进化的研究后，沃尔波夫建议我们三人合作研究现代人的起源问题。1984年，我们三人联名提出"多地区进化假说"，在共同发表的论文中分别梳理出中国古人类和爪哇到澳大利亚古人类形态方面的共同特征作为连续进化的化石证据，论及各大地区间的基因交流将全人类维系在一个多型物种内。但是当时还无法在化石中找到可证明基因交流的丰富形态学证据。

1987年出现了夏娃假说，其核心观点之一是解剖学上现代的智人与包括尼人在内的欧亚大陆古老型人类之间没有杂交，这个论断得到大量后续遗传学论文的支持。我对欧洲的早期智人化石进行了比较研究，1988年发表论文，举出柳江、资阳、丽江和马坝等地头骨上有一些特征可能提示中国与欧洲古人类有基因交流。此后陆续举出更多可能提示中国与包括尼人在内的欧洲古人类有杂交的形态特征（参见第138页）。

1997年开始有了通过对人类化石中古DNA进行分析探索现代人起源的研究报告，1999年有学者根据对尼人很少量古DNA的研究结果继续确认尼人与智人没有杂交（参见第144页）。

2010年发布的尼人基因组草图显示尼人与解剖学上现代的智人有杂交，从而在解剖学上现代的智人与同时代的古老型人类之间有无杂交的问题上取得了突破，使得许多坚信夏娃假说的学者转而相信同化假说，认为在现代人形成过程中主要基因贡献来自非洲，欧亚大陆的古老型人类只有很少量的贡献。事实上东亚人类进化的连续性比欧洲强得多，因此我认为现代人起源的方式在多地区是多样的：在东亚是以原住民连续进化为主，与外来移民的杂交为辅；在西欧是以外来移民取代尼人为主，尼人的贡献为辅；在澳大利亚是以爪哇古老型人类移入为主，可能吸收其他地区移民的贡献。可以将这个模式称为"多地区多模式进化"。

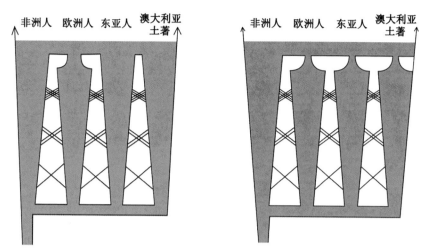

多地区多模式进化（左）和同化假说（右）示意图

### （2）论证北京猿人仍旧是中国人的祖先

1977 年，三位美国古人类学家发表论文，率先将当时流行于古生物学界的分支系统学理念引入古人类学研究，提出直立人有一些自近裔特征 *，从而表明直立人是人类进化的绝灭旁支，也就是说，北京猿人等直立人不是我们智人的祖先。这个观点在西方人类学界得到广泛共鸣，相继有一些学者将更多特征归入直立人的自近裔特征。经过仔细检查中国的古人类化石，我在 1990 年发表论文不同意上述观点，指出中国古人类化石有 11 项共同特征在或长或短的时期中持续存在，提示不同时代的古人类群体之间有遗传上的联系。我还发现在一些智人化石上可以看到被那些学者举为直立人独有的特征，并且和县的直立人颅骨有几项特征与一般直立人不同，却与智人一致（参见第 137～138 页）。我将直立人和智人"你中有我、我中有你"的这种现象总结为直立人与智人之间的形态镶嵌，进一步增强了中国古人类连续进化的说服力。目前越来越多的古人类学者认

---

\* 直立人的自近裔特征指独有的、不见于智人的特征。那些学者认为头骨狭长、骨壁很厚、有矢状脊、眶后缩狭显著、有角圆枕、颞骨鳞部低等都属于这类特征。

同直立人与智人的祖裔关系，不再将直立人视为人类进化的绝灭旁支。北京猿人是直立人的一员，自然应该是中华民族祖先的一部分。

从 1999 年起，一些学者开始对中国人 Y 染色体的一些基因位点进行研究，他们将 1987 年出现的夏娃假说具体应用到中国，主张中国所有比 6 万年前还早的化石人都与中国人的祖先无关。我继续在人类化石、旧石器和第四纪哺乳动物中寻找证据，为中国人类进化归纳出网状的连续进化附带杂交假说，意味着北京猿人不应被排除出中国人祖先的行列。

**（3）提出网状的连续进化附带杂交假说**

1990 年，我从中国人类化石的年代顺序、共同形态特征、直立人与智人之间的形态镶嵌和中国化石人类与其他地区基因交流的表现等方面论证了中国古人类的进化过程以连续为主、与其他地区古人类交流基因为辅。此后于 1998 年在增添其他形态证据的基础上为中国的人类进化提出连续进化附带杂交的假说。"连续进化"意味着在中国这片土地上生存和繁衍的居民一脉相承，"附带杂交"指与其他地区的少量基因交流使经过 170 万年连续进化的这些人类还能够与其他地区的人类保持在一个物种内，不会发展成单独的新物种。1999 年，我又提出古人类在更新世（至少是在中晚期）的进化呈河网状。此后在进一步研究的基础上为这个假说逐渐增添了各方面的证据。

**（4）发现北京猿人不是中国人的主要祖先**

2014 年，我将大荔颅骨化石肉眼可观的信息与全世界不同阶段的人类化石进行比较，发现这个颅骨有不少测量和观察项目比同时代的其他人群更接近现代人，甚至处于现代人的变异范围内，因此大荔颅骨可能代表迄今已经详细研究过的人类化石中对现代中国人的形成做出最大贡献的人群。也就是说，在中国现代人祖先的排位中，以北京猿人为代表的中国直立人似乎应该退居大荔古人群之后。

# 回顾与感悟

我在上海医学院学习时多次参加临床病理讨论会。在讨论会上，先由主管医生报告已故病人的病历，听众就主管医生对病情发展采取的治疗、检查和诊断提出分析和评论意见，最后由病理科医生宣布病理解剖结果，众人便可发现自己和他人在推理方面正确和偏差的地方。我在上海红十字会医院实习时每周都有由高级教师带领的"医学查房"，高级教师为下级医生分析病情，一起讨论出下一步治疗和检查的方案。当时诊疗主要靠医生问病史和通过看、听、触、敲、嗅等获取的疾病信息，影像学检查手段充其量只有 X 射线照相，血和尿的检查项目很少。在医疗检查手段有限的情况下，推测病情只能靠缜密的思维，稍有不慎，随时会有偏离实情之处。在这种环境中得到的锻炼逐渐加强了我的思维能力，使我受益终生。人类化石十分稀缺，信息很有限，我深深感到，研究时开发信息必须求精、求细、求深，综合分析要心怀全局辩证思考，缺乏前者犹如沙滩建楼根基不牢，缺乏后者便似坐井观天、盲人摸象，结合两者才可望渐臻事物的本质，逐步勾画出近乎真实的人类进化图景。

回顾我的大半生，医学教育奠定我理性思维的基础，客观环境使我的职业从医生到解剖学教师，再到古人类学研究人员。对古人类学的投入使我必须提高综合性思维，还使我由知之甚少到越来越热爱这个行当，好像是"先结婚后恋爱"。人过中年以后，开始感到我的工作可能有助于人们正确认识自己的祖先和端正世界观，这时由为职业努力工作逐渐转入为事业贡献心力。年过八十渐进暮年，感悟科学不断进步，古人类学上多少"新知"不久便沦为明日黄花，个人的区区"事业"难免这样的宿命。不过既然身脑尚属粗健，怎敢辜负时代赋予的机会和纳税人的给养？何况我也不甘便弃所学、颐养天年，虽不再为职业和事业孜孜砣砣，却仍为自己逐渐养成的爱好和兴趣而乐此不疲。旧知识被新的研究成果所取代的许多事例使我深信，所有以偏概全得出的"结论"虽能风行一时，但是在积累更多的证据之后必定会让位于以综合考虑多方面证据的思维方法得到的想法（一般不应急躁地称为结论）。

我年轻时将尽量多的时间用于学习和工作，疏于主动锻炼身体，越近暮年才越知道健康的重要。健康取决于先天的基因和后天的生活方式。健康的生活方式关键在于心态平和、饮食起居符合科学。当我遇到不顺心的事情时，想到如果 1939 年被炸死或炸伤；如果 1958 年被打成"右派"；如果 70 年代眼病没有治好，双目失明……心态自然平和，知足常乐，免为得失所困扰。回想青壮年时每年 3 个多月在野外爬山越岭和在北京期间骑车两小时上下班时，身体都很健康，1980 年搬家到单位附近，生活安逸了，却在 1994 年开始无端感觉疲劳，多年前治愈的眼病复发。我意识到这是对我的警告，如果不改变生活方式，我的身体将会加速老化，出现难料的后果，于是我开始锻炼，每天健步一小时，数月后视力恢复，进入身体和心理的良性循环，但几年后引起膝关节损伤，不得不转变运动方式。总之除了适度运动之外，还要尊重科学、合理饮食、按时作息。对待工作和生活都要认真，要用心"经营"，掌握"适度"，和睦的家庭也很重要，否则一切都难做好。

# 寄语未来

总结古人类学的研究历史和现状，可以看出，已有的化石和石器证据已经能为人类远古历史，特别是最近几万年的人类历史，勾画出一个轮廓。我们今天所知道的人类历史比以往知道的清楚得多，也复杂得多，但是随着认识的步步深入，又产生了许多新的待解之谜。要想更详细、更准确地了解人类的历史进程，还需要发现更丰富的化石和文化遗物，并结合古 DNA 等相关资料进行精心的研究。

20世纪60年代，分子生物学的介入为人猿分离研究增添了新的手段、注入了新的活力，从 1987 年起，在现代人起源问题上出现了更大的波澜。1997 年从完全根据活人遗传物质的很少量位点进行探索发展到可以提取化石中的古 DNA 进行更深入的研究，终于在 2010 年迎来划时代的重要突破，改变了多年来坚守的现代人与欧亚大陆古老型人群之间没有基因交流的错误结论，与古人类学研究的成果开始形成交集。

从对人类起源和进化史的探索过程中可以看出，早期的结论，不论是通过古人类学手段还是通过分子生物学手段得出的，大多只建立在少量证据的基础上。目前在现代人与古老型人群之间存在基因交流这一点上，两种手段得到的进化图景达成了共识，虽然同化假说与多地区进化假说有一定程度的交集，但在许多方面仍旧不能兼容。

我相信，既然各种假说都是经由科学的途径提出来的，一定包含合理的成分，只要能弃其糟粕，取其精华，应该能够走向协调。从中国人类化石中得到更多的古 DNA 信息将有助于实现各种假说之间的协调。

我注意到，西班牙阿塔普埃尔卡的格兰多利纳山洞出土的 86 万年前的上颌骨前面有犬齿窝，表明这个现代人的特征最早出现的时间可能是 86 万年前。我国广西崇左智人洞出土的约 11 万年前的下颌骨和南非克拉西斯河口出土的年代稍晚的下颌骨都是现代人特有的颏隆凸构造最初出现的例子。这些和许多其他资料都显示，现代人形态中的各个性状并非同时出现，而是在漫长岁月的进化过程中陆续出现、逐渐积累才形成了今天这样的整体形态。联想到分子生物学根据不同位点得出的现代人最近共同祖先的生存年代数据差异很大——从 5.9 万年前到 500 万年前，我们设想：有朝一日当人们查明犬齿窝和颏隆凸与哪些基因有关时（牵涉到基因表达的机理，情况肯定很复杂），如果遗传学研究能够得出与此二形态表现有密切关联的基因的最近共同祖先分别在 86 万年前和 10 万年前左右出现，那么分子生物学证据将与解剖学的证据一致，不同假说在这个问题上将能达到协调。

非洲现代人的基因库中与人类特别有关的变异积累了六七百万年的时间，而非洲以外现代人的基因库中这一类变异只是最近 180 万年积累的结果加上从 180 万年前非洲人基因库中继承的很小一部分变异，或许这是非洲以外现代人的基因变异比非洲现代人的变异少得多的一个原因。如果这样的设想能够被证实，是否也会有助于消除或缩小分歧呢？

总之，我们相信，由不同学科得到的有关人类起源和进化的研究成果应该能够走向协调，一步步接近历史的真相，关键是需要取得更多的信息（包括人类化石和其他相关事物的标本以及研究更多遗传位点得到的实验数据等）和不故步自封的综合考量。

# 附录1：吴新智院士生平

1928.6.2 ～ 2021.12.4

著名古人类学家、解剖学家。

安徽合肥人，1953 年毕业于上海医学院。1957 年考入中国科学院攻读副博士学位，1961 年毕业并留在中国科学院古脊椎动物与古人类研究所工作，历任助理研究员、副研究员、研究员、研究室主任、副所长。1999 年当选为中国科学院院士。

毕生从事古人类学、体质人类学、灵长类学、解剖学及相关学科的研究、教学和科学传播工作。主持山西丁村和湖北郧西白龙洞发掘，分别发现智人和直立人化石；参与提出现代人起源多地区进化假说；提出中国古人类网状连续进化附带杂交假说；提出大荔化石人对中国现代人的形成比中国直立人贡献更大；为我国灵长类解剖学和法医人类学做出开创性工作。

曾任中国解剖学会副理事长、名誉理事长，中国古生物学会荣誉理事，中国人类学会名誉会长，《人类学学报》主编、《中国大百科全书（第二版）》人类学主编。

曾获国家科学技术进步二等奖、人类学终身成就奖（金琮奖）、中国科学院自然科学一等奖、第五届全国优秀科普作品奖科普图书类一等奖等。

# 附录2：缅怀我们的父亲
## ——吴新智

　　父亲有三个女儿。我们家三姊妹小的时候和父亲的交流不算多，因为他一年总有几个月在出野外，又在周口店和"五七干校"都待了一阵，所以那时候我们只知道他是做研究古人类工作的，具体的就不清楚了。真正和父亲有些深入的交流还是这些年，可以坐在一起或在电话上聊聊家常。父亲是个非常节俭的人，衣服很旧了也不让扔。吃东西更是凑合，他做的菜就是把盐、蔬菜等他认为需要的营养一锅烩，根本就和色香味不沾边。我们认为他没有味蕾，他说他有味蕾，只是不愿意为吃喝花太多时间。1980年前后家里最先买的电器是洗衣机和电冰箱，也是为了从做家务中省下时间做科研。

吴新智夫妇和三个女儿

后排右吴航、左吴桢，前排中吴东群

和他生活上的凑合形成鲜明对照的是他对科学研究的较真。20世纪80年代初，美国的沃尔波夫、父亲和澳大利亚的桑恩三人共同提出现代人起源"多地区进化假说"。在他们的假说与主流学说不同而遭受压制，支持者万马齐喑的时候，父亲是那个一直发出自己声音的少数。他不在乎他的观点是否时髦，是否得到多数人的支持，对他来讲科学的真相是最重要的。和"多地区进化假说"相反的是"夏娃假说"，也就是有线粒体基因组的研究认为，所有现代人都可以追溯到20万年前一个非洲妇女，而父亲手里的化石证据和这个假说是有矛盾的。

在父亲上医学院的时候，现代的基因学说还没有出现在教科书里，为了搞清楚这个问题，他在70岁高龄又自学了分子生物学。新获得的知识使他了解到以线粒体基因组回推的局限性，相信"多地区进化假说"并没有错。之后他通过研究化石证据又进一步完善"多地区进化假说"，提出"连续进化附带杂交假说"。近年来，通过成功提取尼安德特人的部分基因已经证明在现代人中含有尼安德特人的基因，而这些初步证据也支持父亲的"连续进化附带杂交假说"。近几年他仍然和沃尔波夫互相通过电子邮件讨论世界各地古人类最新的发现，直到他体弱得不能再上电脑。

他对我们说，工作对他来讲，年轻的时候还有养家的需要，中年的时候主要是事业，而中年以后就完全是兴趣了。我们每次回家探望，或打电话问他在做什么，十之八九在工作。他生活规律，每天早饭后就一头扎进书房，对他来讲没有节假日，没有周末。一次老大周末送父亲去文化馆做科普报告，听众有很多是中小学生和老年人，都是对人类发展感兴趣的科学爱好者。在报告及答疑结束后，父亲准备离开时，又有许多听众围过来继续提出新问题，我们亲眼目睹他非常耐心地为每位提问题的人答疑解惑。有一次，老二带着八九岁的儿子去中国古动物馆参观。

当父亲为他外孙详细地讲解展品的时候，旁边有几个从山西来参观的大学生说"看来这位老先生是个行家"，于是向他请教不懂的问题。无论老幼，只要和父亲讨论他的专业，他都会非常耐心、很有兴致、极其投入地为其讲解。同行的一个人看着父亲为几位大学生热心讲解，感叹道：你父亲对他做的事情真是有兴趣啊。

晚年已身体羸弱的父亲依旧对他的专业保持着高度的热情，与我们交谈时，大部分话题还是要在古人类进化的频道里，对于自己的病情以及饮食等话题都是三言两语一带而过。我们总是找这一类话题和他聊天，每每谈到他专业领域的事情，父亲的眼睛里总会出现异样的灵动，他依旧思维敏捷地和我们谈尼安德特人、郧县人、大荔人，讲基因的碱基对，讲线粒体的女性遗传。我们想，父亲是幸运的，能把工作作为兴趣、爱好，作为事业。

父亲也总说，他是个幸运的人。但是运气常常是眷顾有准备的人。小时候，父母工作忙，老大、老二一直被父母放在幼儿园全托，每星期只在星期天被接回家。在我们片段的儿时记忆里，最多的画面就是父母在那里读英文、背单词。我们也跟着稀里糊涂地学会了几个单词。十年"文革"多少人荒废了业务，父亲却一直坚持着他的学习。1978 年刚刚改革开放，父亲给一个来北京医学院做讲座的英国教授当翻译。当时台下的听众里有人问父亲的同学，父亲是不是喝洋墨水的（在国外留学过）。父亲还自学了俄文、德文。有了法语广播讲座后他又一节不漏地随着学法语。后来法国邀请他去交流半年的时候，他已经可以和法国同行用法语交流了。到了 80 年代末，60 多岁的他又从头学习使用电脑。这也潜移默化地培养了我们三姊妹爱学习、自立、进取的生活方式。

对我们姐妹来说，对父亲的回忆更包括了他为人处世的态度。他待人真诚善良、和蔼可亲，尽量不给别人添麻烦，对同事、学生尽力帮助、不求回报。记得在他担任副所长时，常有同事及家属在下班以后还来家中跟他讨论，咨询大小事宜。父亲总是耐心倾听并认真解答、尽力帮助。

慈祥的父亲

父亲的幸运还包括了与母亲的结合。母亲是做病毒学研究的，她要完成好自己的科研工作，很多年每个周末都要去实验室做试验。孩子出生后她又全面地承担起了对孩子生活上、教育上的责任，使父亲可以没有后顾之忧，全身心地投入到他所钟爱的科研工作中。前些年他读工程的外孙为满足人文课程的要求，选修了一门考古学课程。在最新版的考古学教科书中，关于现代人起源的部分列举多地区进化是现代人进化的两个主要假说之一。我们在那短短的几行字背后看到了父亲大半生的坚持与努力。

吴　航　吴　桢　吴东群

2021 年 12 月 18 日

# 附录3：说说野人

  这些年被炒得沸沸扬扬的所谓"野人"，不包括类似旧社会"白毛女"或独居荒岛的"鲁滨孙"那样的人——由于种种原因，他们与世隔绝，长期流浪在山林之间，不食人间烟火，靠采集野生植物的根茎叶和捕获小动物等为生。我们现在要谈的不是这些"野化的现代人"，而是野人考察队员猜想或希望找到的"介于现代人和猿类之间的奇异动物"。虽然野人不是古人类学的研究范畴，但笔者在野人考察和鉴定方面有过一些经历，愿意借此机会与广大读者分享自己的体会。

  1961年，云南西双版纳勐腊县传出关于"野人"的种种传说。一位中学教师反映曾在夜间去郊区打猎时看见过"野人"，一些村民反映看见"野人"在月光下跳舞。那时当地农民实行刀耕火种，每年烧掉一片树林，在上面种植稻谷，当寨子周边的土地经过多次耕种不再足够肥沃时，村民们便到离寨子更远的地方烧荒种地。耕地离开寨子越来越远，因此关于"野人"的传说引起了群众的恐慌，当地农民不敢去远离寨子的地方耕种和收割，农业生产受到影响。情况反映到中央，中央决定派中国科学院查明和澄清这个问题，该院责成古脊椎动物与古人类研究所吴汝康副所长和昆明动物研究所潘清华所长组织这两个研究所和中国科学院动物研究所的工作人员去当地调查。1961 年冬至 1962 年春，笔者奉命与古脊椎动物与古人类研究所的刘增，中国科学院动物研究所的汪松、叶宗耀、冯祚建，昆明动物研究所的李致祥和杨德华前去现场进行考察。

笔者知道，古生物学者在华南的许多山洞中发现过大量的猩猩化石，据此可知，现在生活在东南亚的猩猩 1 万年前，甚至早至 100 多万年前曾经繁盛于中国南部的广大低海拔地区，所以猜测，或许在西双版纳的这块少有人烟的地区还残存着一些猩猩，值得进行考察。

勐腊县领导十分支持考察队的工作，不但委派了一位县政协委员作向导，还派了一位持枪民兵配合我们的工作。这位向导过去曾经是土司，对当地情况很熟悉，他带着我们进入无人区。在密林中遇到无路可走的时候，他便教我们蹚水顺小溪前行或者用刀砍开密密的草丛走过去。夜幕降临前，他指导我们砍几根竹子，劈成些篾片，捆绑成一个窝棚的支架，再砍几片芭蕉叶作为屋顶。他还教我们用竹筒烧水和煮饭，队员们分头采摘野生植物做菜。每天以如此美味佐餐的竹筒饭清香扑鼻，真是从来没有享受过的美食。夜间烧一堆火，支着猎枪，以防野兽侵袭。将一个营地周围的山头调查一遍后，我们便转移到另一个地方，再搭建一个窝棚居住。有一次我们回到以前住过的营地，竟然发现在我们烧过的灰烬上有老虎的脚印。有些农民在离寨子很远的田地附近建造简陋的茅草房，供农活大忙时居住，有时我们休息的地点就是这样的"田房"。向导告诉我们，曾经有人因为贸然进门被从房内冲出的受惊老虎伤害，而老虎一般是躲着人的，只有在狭路相逢、你死我活的情况下老虎才会伤人，所以每次进入之前我们都要在附近大声喧哗，以便起到打草惊蛇的作用。

考察队花了 3 个多月的时间在密林中寻找野人或猩猩的脚印、粪便和猩猩为夜间睡觉搭在树上的窝等各种可能留下的痕迹。但是只找到了许多大象、熊、老虎等野兽的脚印，没有找到疑为"野人"和猩猩的任何踪迹。

早晨常常能听到长臂猿的啸声，我们推测，很可能是惊慌的目击者把长臂猿当成了"野人"，便猎取了一公一母两只长臂猿，放在县招待所门前展示，平息了这场"野人风波"。

长臂猿是我国唯一的现生猿类，当时没有全面反映黑长臂猿解剖学特征的文献。回到昆明后，潘清华所长采纳笔者的建议，调派该所的叶智彰等四位年轻研究人员与笔者及其同事一道解剖了长臂猿。1978 年，我们出版了《长臂猿解剖》一书。叶智彰接着带领后来加入的同事继续从事灵长类形态学的研究，出版了关于猕猴解剖、金丝猴解剖等方面的书籍。

黑长臂猿

附带说一下，马尔烈等编著，中央编译出版社和京华出版社 2010 年联合出版的《人类与野人之谜》（第306 页）写道："早在 1962 年，一则关于发现野人的消息从西双版纳传来，并传言野人被英勇的边防战士打死，吃了它的肉。一支野人考察队几乎在一夜之间便成立起来了……经过半年的艰苦调查，才发现被人们传说得如火如荼的野人原来是长臂猿。"其中所谓边防战士打死野人、吃肉的故事等纯属误传。

湖北神农架是我国"野人"传说最多的地区，也是被采访过的目击者最多、考察时间最长、考察人数最多的地区。虽然在 20 世纪 70 年代之前，我国也有关于喜马拉雅雪人的报道，但是大众对"野人"的广泛关注是从 1976 年的神农架考察开始的。1976 年以后，国内报刊上时不时会出现一些关于"野人"的报道，后来还出现了不少专门谈论"野人"的书籍。本书将摘引其中部分信息供读者参阅。

1974 年，湖北郧阳地区（神农架所在地）宣传部副部长李建听到许多关于神农架"野人"的传闻后将之反映到中国科学院，后者决定指派动物研究所兽类研究组组长汪松和全国强、冯祚建三人赶赴神农架实地调查。三位调查人员与遭遇"野人"者殷洪发、朱国强当面核实，并带回"搏斗当时从野人身上获得的白毛"和收集到的长、短红毛以便进行鉴定。所有调查和鉴定结果都不能证实遭遇野人的当事人所说属实。1976 年 5 月，一封长篇电报被送到中国科学院古脊椎动物与古人类研究所的业务处，报道 5 月 14 日凌晨，湖北房县 5 位干部乘汽车经过神农架时，发现路上有个红毛动物蹲在地上，车上的人赶忙下车，围着它看，相持了一会儿之后，红毛动物才转过身慢慢走开，消失在树林中。得知这段见闻后，业务处处长郑海航十分重视，与笔者（当时是古人类研究室的负责人）商量如何应对。笔者表示不愿参与此事，但是也不会阻拦其他人。于是郑海航向中国科学院领导争取了一笔经费，组织古人类研究室的一些年轻人前去神农架考察。湖北省军区派了一个侦察排和一辆卡车参加考察。考察队员在神农架艰苦跋涉了几个月，访问了"野人"的许多目击者，得到一些被认为属于"野人"的毛发，还将一些被认为属于"野人"的脚印用石膏铸成模型。此后几年，其他人陆陆续续又在这一地区进行了多次考察。上海华东师范大学生物系

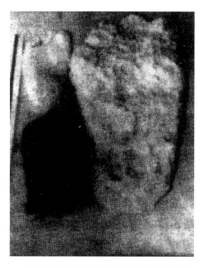

湖北神农架疑似野人的脚印模型

教师刘民壮在江西人民出版社 1988 年出版的《揭开"野人"之谜》中记载："野人"考察队员们曾经在枪刀山见到"至少有 1,000 个大脚印,一左一右地排成单行",还有考察队员多次遇见"野人",甚至被"野人"抓住过的故事等等。

1981 年 8 月,中国野人考察研究会在湖北房县成立,后更名为中国科学探险协会奇异珍稀动物专业委员会。该组织继续关注神农架的"野人"问题,采访了更多"目击者",并且获取了许多被认为属于"野人"的脚印石膏铸模、毛发和照片。

据武新华等编,中国档案出版社 2001 年出版的《野人之谜》(第 241 等页)报道,从 1924 年到 1993 年,在神农架范围内共有 360 多人 114 次见过 138 个"野人",这些人中有的痛打过"野人",有的见过被活捉的和被打死的"野人",有的被"野人"追赶和毒打,还有被"野人"抓住又逃跑回来的。发现的"野人"脚印有 2,000 个以上。总之,关于目击者每次亲历的报道都是言之绘声绘色,查之却无真凭实据,没有一件传说或有关的实物(毛发、脚印铸模和"野人"窝棚)能被科学共同体认作是证明野人存在的有力证据。

在喜马拉雅山地区流传着许多关于"雪人"的传说,美国、英国和苏联都出版过关于发现"雪人"的书籍。20 世纪中叶,我国曾经盛传西藏"雪人"。据《人类与野人之谜》(167 ~ 168 页)记载:在卡玛河谷中游的莎鸡塘,一个住在中国境内的尼泊尔边民报告说,他的一头牦牛被"雪人"咬断咽喉杀死了。《野人之谜》中还有许多

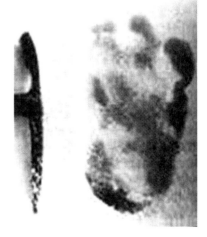

疑似"雪人"的脚印

生动的记载，如《在娘娘坝被击毙的女"野人"》（161～163页）、《求偶遭拒的云南"野人"》（167～169页）、《走进窝棚和竹楼向人求偶的"野人"》（169～171页）、《偷吃面条撑死的小兴安岭"野人"》（176～178页）、《和人一起捡山栗的秦岭"野人"》（178～181页）等。《人类与野人之谜》还记载《神农架"野人"夫妻》（272～273页）、《被捉的"野人"母子》（274～276页）等。这两本书中还有更多其他关于"野人"的故事，涉及的人有名有姓，涉及的地方有具体的地名。可惜的是，都没有留下任何可供科学检验的真凭实据。

总之，野人考察在我国曾经形成过相当大的声势，《人类与野人之谜》记载："据悉目前全国共有八百多人参加野人考察研究会"（第229页）；"除此（引者注：指神农架）之外，在我国的四川、陕西、甘肃、西藏、新疆、广西、贵州、云南等十多个省区都有'野人'行踪的报告，现今唯一可惜的是，没有一例活'野人'被抓获"（第228页）。

许多人对所谓"野人"的传说很感兴趣。国内通过各种途径报道的关于目击甚至捕获野人的传说有很多，但是认真核查起来，这些传说都缺少有足够说服力、能通过客观检验的真凭实据。国内外倾向于相信这些传说或者相信有野人的人中不乏资深学者和知名人士，这些人在其自身从事的科研工作中卓有建树，但没有一位能为证明野人存在提出科学共同体可以接受的证据。总之，迄今为止，虽然众多热心人士深入现场，不辞辛苦地四处搜寻，有的考察人员甚至艰苦到长年过着几乎类似野人的生活，但是仍旧没能找到证明野人存在的证据。直到今天，野人传说仍是一个未解之谜。

另一方面，在各方搜集的关于"野人"的证物中，有几件已经被证明属于误断或者证据不足。

上海某大学有位生物教师从1976年起多次参加神农架一带的野人考

察并且成为中坚力量，他听人说四川巫山曾经有过一个"猴娃"——头的上部很小，嘴巴向前突出，能发声但不会说话，像只猴子，活到十几岁便死了。相传是"猴娃"的母亲进山打柴时，被"野人"强奸，生出了这个孩子。那位教师访问了"猴娃"的母亲，对方矢口否认。但是那位教师认为，这是不光彩的事，当事人自然不愿意承认，不承认不等于没有。他便找人挖出"猴娃"的骨骼，带回上海。一家大报为此刊发了长篇报道，认为"猴娃"可能是野人与现代人交配所生，也许腊玛古猿或其他古猿的后代还残存在这个人烟稀少的地区。新华社资深记者欧阳采薇打算就此事发表英文稿。发稿前，为慎重起见，她打电话征求笔者的意见。笔者建议她转请新华社上海记者站的人带着头骨去问上海医学院病理科，看是否因病所致。英文稿最终没有发出。

不久后，中国社会科学院考古研究所的韩康信研究员在上海参加一次学术会议时观察了四川巫山的"猴娃"头骨，他和在场的中山大学人类学系主任冯家骏都认为，这是病态的人类头骨，不是传说中人和"野人"交配产生的后代。1983 年韩康信在发表于《化石》杂志上的《猴娃还是病娃》一文中写道："'猴娃'头骨上这几条骨缝（引者注：根据此上的文字，指的是冠状缝、矢状缝、人字缝和蝶枕缝*）则已全部愈合，就连颅骨外面的缝迹也已完全隐没""很可能属于锁颅症或愚型小头症患者的头骨……不是人和猴交配的产物。"1998 年，《科技潮》杂志的"时代追踪"栏目登载了王方辰的文章《"猴娃"遗骨出土记》，文中除了报道挖掘湖北长阳"猴娃"坟墓取出其骨骼的经过之外，还提到："我们邀请了古人类学家、体质人类学家、病理解剖专家、遗传学家，还有遗传基因物质 DNA 鉴定的权威部门参与。经过分析研究，所有专家学

---

\* 冠状缝是额骨与顶骨间的骨缝，矢状缝是两块顶骨之间的骨缝，人字缝是顶骨与枕骨间的骨缝，蝶枕缝是蝶骨和枕骨之间的骨缝。

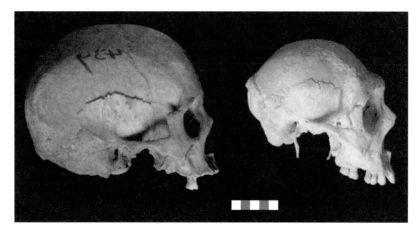

现代正常人（左）和长阳"猴娃"（右）的头骨

此图的版权属于王方辰，原文载于《科技潮》杂志 1998 年第 6 期 10～14 页。

者的认识基本是一致的，都不赞成'人猿杂交'的说法，认为没有这种可能性。"据这两篇文章报道，巫山和长阳"猴娃"头骨的脑量分别为655 毫升和 671.9 毫升。小头症患者的面骨发育不受限制，能长到正常大小，所以与小的脑颅相比显得格外突出。巫山和长阳的"猴娃"最可能是小头症患者。从他们的脑量判断，其脑颅各骨应该在一岁多时就愈合了。这种病并不特别罕见，希望以后大家不要再以讹传讹地将小头症患者宣传为"野人与人生育的混血儿"了。

1983 年，中国野人考察研究会的负责人李建带着一份油印的关于云南发现"野人"脑子和手的报道来到北京，希望中国科学院古脊椎动物与古人类研究所的吴汝康学部委员和笔者协助他在北京发布这个惊人的消息。我们建议他设法取来标本，然后在北京邀集有关专家进行鉴定。如果属实，再加以宣传也不迟。当年底，笔者去武汉开会，在回北京的火车上读到李建在当地某科普杂志上发表的关于"野人"的文章，说他请在云南工作的中国野人考察研究会会员去现场取来了那只手，但是脑子没了。那只手经北京的学者鉴定为合趾猿的左脚，并获得某资深学者

174

短尾猴

的认可。笔者从《人类与野人之谜》（第 233 页）中得知，上海也有学者得出同样的鉴定意见。最近韩康信告诉笔者，他在上海也见过那个爪子，他认为是猴子的。另据报道，1983 年 2 月，中国野人考察研究会会员应某在云南沧源得到了一个据说是"被打死的野人"，经云南医学院（引者注：疑为昆明医学院之误）鉴定是短尾猴。可能两者说的是同一件标本。

河南南阳某博物馆张某某从卖草药人摆的地摊上，租借了一个物件，他认为是"野人"的手，还拍了 X 线照片。他将租借的这个物件带到北京找笔者鉴定，笔者建议他将之与正在中国科学院古脊椎动物与古人类研究所装架的、出土于周口店山顶洞的熊的化石脚骨进行比对，结果确定那是被拔掉爪子的熊掌。

据《人类与野人之谜》（221 ～ 222 页）记载，湘西地区也有关于"野人"的传说，据说已经流传了上千年。当地人称"野人"为"毛公"或"山鬼"等。1984 年 10 月 25 日，湖南新宁县水头乡坪头村邓姓姊妹在拔白菜时遭到"毛公"的袭击，翌日凌晨，村民李贤德等 32 人带着猎枪、猎犬上山搜索，终于捕获了一只正在对穿红花布罩衣的 13 岁女孩撒砂子玩的"毛公"。10月底，有关方面在武汉举行了鉴定会，确认捕获的"毛公"实际上是一只短尾猴。

据《野人之谜》（226～227页）记载，时任中国濒危物种出口管理办公室驻拉萨办事处主任、西藏林业厅野生动物保护处处长的刘务林，曾参加过多次西藏野生动物普查和专项调查，据他介绍，十几年来，在墨脱、吉隆、朗县和珠峰附近的定日、定结、亚东等地有十多次关于发现"野人"的报道，但最后实地考察发现都是棕熊。而一些保存下来的所谓"野人"的皮张和骨头，实际上都被确认为属于某种已知的动物，例如工布江达县一寺庙的一张"野人"皮，其实就是棕熊皮，只是外表颜色和一般的棕熊不一样。某夜，刘务林听到奇怪的吼叫声，当地老百姓都说是"野人"，但他第二天出门发现屋外有一些棕熊的脚印，还找到了一些棕熊毛。他亲眼见过许多被认为属于"野人"的脚印，实际上都是棕熊的。棕熊后足仅有趾垫和掌垫，酷似人的脚掌。

《野人之谜》（257～258页）写道："1958年1月22日，《莫斯科新闻》上发表了苏联水文地质学家普罗宁在帕米尔两次看到'雪人'的谈话，同时也发表了阿·里大卫特的评论。他说：'我认为没有任何确凿的事实支持存在"雪人"的说法。'他认为在那布满白雪的环境下，实际上已排除了任何高级动物生存的可能性……雪地上的脚印是不能说服人的证据。中国科学家斐文中（引者注：此处疑为"裴文中"之误）、吴汝康、周明镇等教授基本上同意阿·里大卫特的说法。还补充说明在喜马拉雅的高山里和帕米尔高原中，高出海拔4,000米的高地上，生存着一种比大猩猩和黑猩猩更接近人的动物，至少是从现在灵长类的地理分布上来看似乎不可能。同时他们提出质疑：在冰雪里怎能解决缺乏食物的现实，高级灵长类在这样的环境里靠什么生活？"

北京自然博物馆主办的《大自然》杂志1984年第1期的首篇文章就

是关于野人的内容，作者是北京动物园的资深动物学家谭邦杰，他从动物学、古人类学等角度对野人的存在表示怀疑。该刊编辑部在《写在前面》一文的开头写道："野人是许多读者感兴趣的问题，到底有没有？谭邦杰同志的回答是没有。我们认为这个回答在科学上较有说服力，所以刊登了这篇文章。"

此外还有不少学者从不同的角度发表意见，认为迄今获得的所有"证物"都不足以证明野人的存在。

境外也有关于野人的传说。

在北美洲有关野人的报道中，影响最大的是"大脚"，我国通常翻译为"大脚怪"，印第安人称之为"沙斯夸支"。《人类与野人之谜》（251～253页）记载，美国森林管理局职员弗里曼曾经见到过全身长满褐红色长毛、身高几近8英尺（约合2.4米）的似人动物。弗里曼搜集了许多脚印，他的儿子还在远处拍摄了"大脚怪"的照片。但是有人认为，所谓"大脚怪"只不过是形状怪异的树枝，另有一些人认为"大脚怪"是伪造的。美国俄勒冈州还成立了大脚怪研究中心，但至今没有见到有关这方面科研成果的正面信息。该书第249页记载，1962年，美国加利福尼亚州克莱圣特的伐木工罗巴德·哈特费尔特见到一个身高至少2米的"野人"并且与它隔着房门僵持了一会儿，但是当罗巴德和房主人提起来福枪冲出门外时，"野人"连影子也不见了。1967年10月，美国猎人罗杰·帕特森声称，拍到了一段"大脚怪"活动的彩色录像，但是有人认为这是一个精心伪造的

帕特森纪录片中的"大脚怪"

骗局（参看《野人之谜》第 249 和 305 页）。

《人类与野人之谜》（244 ～ 246 页）还记载了中国香港《星岛日报》报道的关于加拿大女孩为"野人"接生的故事。

此外，据《野人之谜》11 ～ 12 页和 145 ～ 153 页记载，蒙古有关于"阿尔玛斯"的报道，高加索地区有关于"阿班-古里"或称"卡普塔"的报道等等。

上述所有报道无一例外都没有能经受客观检验的实体证据。

2012 年，英国牛津大学和瑞士洛桑动物博物馆的研究人员呼吁公众向他们提供被认为属于异常灵长类动物的毛发标本。他们收到了 57 件来自美国、俄罗斯和印度的标本。牛津大学的遗传学家从这些标本中排除了不是毛发、磨损太重无法研究和 DNA 含量不足以用于鉴定的样品，对其余 30 件标本进行了研究。他们在 2014 年 7 月 1 日的英国《皇家学会学报 B》上报告了研究的成果：10 件标本属于不同种类的熊，4 件来自于马，4 件来自于狼或狗，来自得克萨斯州的一束"大脚怪的毛"与多毛的欧洲人完全匹配，其余的来自牛、浣熊、鹿和豪猪。总之，没有一件标本能证明野人的存在。国内多次报道在神农架地区考察野人时获得了"野人"的毛。笔者希望手中握有"野人"毛发的人士拿出一些来进行 DNA 鉴定，以便查清真伪。

总而言之，许多人对所谓"野人"的传说很感兴趣。国内通过各种途径报道的关于目击甚至捕获野人的传说很多很多，但是认真核查起来，迄今为止，还没有发现一件可供客观稽考并得到科学共同体认可的证据能证明野人的存在，更何况任何一个野人的活体或尸体，乃至骨骼了。